滨海核电温排水监测预测
技术手册

李 涛 王 庆 孙 岳 等 编著

科学出版社

北 京

内 容 简 介

　　本书系统总结了当前国内外滨海核电温排水监测预测实践中的主要技术,在定点垂向剖面水温实时监测装备试制、遥感数据规范化反演、背景温度有效提取技术研发、数值模拟关键参数取值优化的基础上,对背景温度提取、现场监测、卫星遥感监测、航空遥感监测、物理模型试验、数值模拟及结果核验等方面进行了规范。

　　本书适用于滨海核电厂、滨海火电厂和内陆滨河滨湖电厂温排水监测与预测,可供从事海水温度监测、温排水数值模拟、温排水物理模型试验及海域使用论证、海洋工程环境影响评价、生态跟踪监测等相关专业领域的管理人员、从业人员、科研人员使用,也可作为高等院校相关专业的教学参考书。

图书在版编目(CIP)数据

滨海核电温排水监测预测技术手册 / 李涛等编著. —北京:科学出版社,2023.6

ISBN 978-7-03-075503-2

Ⅰ.①滨… Ⅱ.①李… Ⅲ.①核电厂-排水-环境监测-技术手册 Ⅳ.①X771-62

中国国家版本馆CIP数据核字(2023)第080615号

责任编辑:吴凡洁　冯晓利 / 责任校对:王萌萌
责任印制:师艳茹 / 封面设计:无极书装

科 学 出 版 社 出版
北京东黄城根北街 16 号
邮政编码:100717
http://www.sciencep.com
北京科信印刷有限公司 印刷
科学出版社发行　各地新华书店经销
*
2023 年 6 月第 一 版　开本:720 × 1000 1/16
2023 年 6 月第一次印刷　印张:10
字数:179 000
定价:98.00 元

本书编委会

主　　编：李　涛　王　庆　孙　岳

副主编：周　萍　战　超

编　　委：朱　君　石洪源　李国庆　王红艳
　　　　　贾存真　陈坚刚　严卓奇

前　言

核电是清洁低碳高效的绿色能源,发展核电是我国优化能源结构、实现"双碳"目标的重要措施。我国滨海核电起步于 1985 年开始建设的秦山核电站,经过数十年建设和发展,截至 2022 年 3 月,在运、在建滨海核电厂址 25 个、核电机组 77 台。2011 年 3 月 11 日,日本福岛核泄漏事件发生,在此后整整 10 年间,我国核电发展政策一直是"安全高效发展"。2021 年 3 月初,李克强总理在《政府工作报告》中提出"在确保安全前提下积极有序发展核电"。时隔仅一年半,2022 年 10 月,习近平总书记在党的二十大报告中明确指出要积极安全有序发展核电,将核电发展政策写入党的代表大会报告,而且把"积极"排在"安全"前面,这是一个极大的政策突破,充分反映了以习近平同志为核心的党中央对我国核电安全、核电科技工作者的高度信任。"十四五"期间,每年将建设 10 台核电机组,我国滨海核电进入高质量发展新阶段。

我国在运、在建、拟建及规划建设的滨海核电需要利用海水对发电机组进行冷却,产生的温排水需要向海洋排放,并占用一定的海域资源。温排水排放量巨大,单台百万千瓦核电机组的温水排放量就达到 $70m^3/s$。温排水在海洋动力作用下向周边海域扩散,利用海水热容量和海洋动力稀释热污染,并通过海面向大气散热。海水温升对海域生态影响较大,温排水扩散范围和温升程度关系到滨海核电海域使用范围和权属确定,关系到海洋保护区、生态红线等海洋功能区的生态影响评估,关系到海洋增养殖等其他开发利用活动、利益关系的协调和补偿,关系到海域资源的节约利用和生态保护。其中,4℃以上温升海域为确定温排水用海范围的依据,夏季 1℃和冬季 2℃以上温升海域为温排水资源环境影响的主要范围。因此,温排水的准确监测预测是十分必要的。自然资源部对滨海核电温排水监测预测非常重视,2022 年印发的《自然资源部办公厅关于进一步规范项目用海监管工作的函》(自然资办函〔2022〕640 号)中,专门对滨海核电温排水监测提出了明确要求。

目前,一般采用数学模型、物理模型试验或两者相结合的方法,预测滨海核电厂温排水扩散范围和温升程度。在核电厂选址、方案论证、运行阶段,还需要采用定点垂向分层测温、船舶走航测温、卫星遥感测温、航空遥感测温等原型观测手段,获取温排水排放海域的水温数据,用于温排水预测数学模型、物理模型的模型构建、计算试验、结果验证和后评估。但在滨海核电温排水监测预测实践中，存在背景温度选取不客观，监测范围、流程、站点、断面、航线、要素、分层、时间及频次不统一，遥感温度反演算法选取不规范，预测模型、计算公式和模型参数选取随意性强，监测预测结果验证、误差范围、成果分析过程与图表编制缺少统一质量要求等问题，导致温排水混合区范围、温升程度、温升分布预测不准确，不同单位的预测结果差异较大，不利于合理确定温排水用海面积、科学评价温排水环境生态影响。

鉴于此，我们全面梳理、认真分析了现有滨海核电温排水相关法律法规政策、国内外相关技术标准和研究成果，系统总结了我国滨海核电温排水监测预测技术与实践现状，在定点垂向剖面水温实时监测、遥感数据规范化反演、背景温度有效提取技术研发、温排水数值模拟关键参数取值优化的基础上，编写了这本《滨海核电温排水监测预测技术手册》，目的是对滨海核电温排水监测预测基本要求和背景温度提取、现场监测、卫星遥感监测、航空遥感监测、数值模拟通用技术、数值模拟关键参数取值、物理模型试验等进行系统规范，以满足当前滨海核电温排水监测预测需要。

本手册按照实用性、系统性、兼容性和适用性的基本原则进行编撰。①实用性原则：考虑常用监测和预测技术应用中的常见问题，涵盖当前监测预测实践常用模型；②系统性原则：考虑核电不同阶段监测预测需要，补充现有标准中尚未规范的内容，也兼顾手册的统一性和各篇章独立性；③兼容性原则：与现有法律法规标准中的相关内容协调，现有标准中有明确要求的按照现有要求，现有标准中不明确地予以细化，同时兼顾常用商业软件和自编软件；④适用性原则：考虑我国沿海不同核电场址所处海域的差异性，以及不同监测预测单位技术的差异性和滨海核电不同阶段监测预测需求的差异性。目前，手册内容已经在我国多个代表性滨海核电场址进行了应用示范，涉及我国南北方不同类型的海域，均取得了较好的监测预测和核验效果，内容较为成熟。

为了便于读者使用，本手册的内容结构按照"篇—部分—章—条—段—列项"的层次组织安排，共分3篇（总体要求、监测技术、预测技术）、9个部分（总则、背景温度提取、现场监测、卫星遥感监测、航空遥感监测、数值模拟通用技术、数值模拟关键参数取值、物理模型试验、温排水数值模拟结果核验），各部分内容既相对独立，又互为补充、相互支撑，共同构成完备的滨海核电温排水监测预测技术应用规范体系。

第1篇"总体要求"包括两部分，对常用监测预测技术应用中的一般要求和基础内容进行规范。例如，将"监测预测的目的、原则、范围、质量控制、基本要求、工作成果和成果归档"以及"数值模拟通用技术"中"方案论证阶段模拟温升范围超标则应对取排水方案进行优化,并重新开展数值模拟"的要求均放入第 1 部分"总则"中;将"卫星遥感监测""航空遥感监测"和"数值模拟通用技术"均涉及的背景温度提取技术要求予以整合,将其放入第 2 部分"背景温度提取"中。第 2 篇"监测技术"和第 3 篇"预测技术"包括 7 部分,对常用监测预测技术应用中的具体要求和内容进行规范。

考虑到各项监测预测内容在核电选址、方案论证、运营期跟踪监测、后评估等不同阶段的具体要求会有不同,为方便使用者查阅,将监测预测在不同阶段的要求统一放入了第 1 部分"总则"里。例如,将"遥感监测"技术应用中的部分共性要求和内容,放在第 1 部分"总则"的"通则"中分阶段予以阐述,其他要求则分别放在第 4 部分"卫星遥感监测"和第 5 部分"航空遥感监测"中阐述。考虑到各阶段"现场监测"内容较多且要求差异较大,将其放在第 3 部分"现场监测"中分阶段阐述,而在第 1 部分"总则"的"通则"中则未做详细阐述。

本手册由鲁东大学海岸研究所、自然资源部海洋咨询中心、中核浙能能源有限公司、烟台海洋工程安全保障技术创新中心、烟台石江海洋科技有限公司、烟台谨越海洋科技有限公司部分专业技术人员编写,由李涛研究员(自然资源部海洋咨询中心)、王庆教授(鲁东大学海岸研究所)和孙岳研究员(自然资源部海洋咨询中心)共同主编,周萍高级工程师(中核浙能能源有限公司)和战超教授(鲁东大学海岸研究所、烟台海洋工程安全保障技术创新中心)共同担任副主编,主要编写人员为朱君教授(鲁东大学海岸研究所、烟台海洋工程安全保障技术创新中心)、石洪源副教授(鲁东大学海岸研究所、烟台海洋工程安全保障技术创新中心)、李国庆副教授(鲁东大学海岸研究所、烟台海洋工程安全保障技术创新中心)、王红艳高级实验师(鲁东大学海岸研究所)、贾存真高级工程师(中核浙能能源有限公司)、陈坚刚研究员级高工(中核浙能能源有限公司)和严卓奇高级工程师(中核浙能能源有限公司)等。

在本手册的编撰和研究工作中,得到了中国核能电力股份有限公司副总经理、核能开发事业部总经理陈金星先生的亲切关怀、大力支持和悉心指导,于开治、贾朋、张浩然、刘明忠、唐丹、刘乃军、方汝贵、王轶等参加了手册编撰的项目研究工作。中核浙能能源有限公司针对本手册编撰和研究专门立项予以经费支持,烟台市"海洋能源利用工程安全保障技术平台"校地融合发展项目对手册编辑和出版给予经费支持。

在本手册的编研过程中,自然资源部第一海洋研究所纪鹏研究员、自然资源部第三海洋研究所吴耀建研究员、中国科学院海洋研究所黄海军研究员、浙江省水利河口研究院倪勇强研究员、浙江省交通规划设计研究院陈国森教授级高级工程师、生态环境部核与辐射安全评审中心张爱玲研究员级高级工程师、电力规划设计总院朱京兴研究员级高级工程师、中国电建集团华东勘测设计研究院有限公司蒋欣慰教授级高级工程师、同济大学张海平教授、河海大学王义刚教授等专家学者先后给我们提出了宝贵的意见和建议。

在此，我们谨向陈金星先生等所有关心、支持本手册编撰、出版工作的各位领导、专家学者和核电企业同行表示衷心的感谢，恳请未能一一列出名字的专家学者、参考文献的作者和有关单位予以谅解和支持！

本手册是我国第一部滨海核电温排水监测预测技术应用手册，涉及专业领域复杂多样，撰写质量要求高，没有同类著作可供借鉴。由于作者专业水平和业务能力有限，经验不足，所掌握的应用案例和资料积累不全，手册难免存在疏漏之处，敬请各位同行专家学者和读者批评指正，并将应用中发现的问题和不足及时反馈给我们，以便我们能及时改进和完善。

作　者

2022 年 12 月 30 日

目　　录

第 2 篇　监　测　技　术

第3篇 预 测 技 术

附　　录

第 1 篇　总 体 要 求

第1部分 总 则

1 适用范围

本部分规定了滨海核电温排水监测与预测的目标、原则、范围、质量控制、工作方法、工作成果和成果归档的基本要求。

本部分适用于滨海核电厂温排水及邻近水域水体温度监测与预测。

滨海火电厂和内陆滨河滨湖电厂温排水监测与预测可参照执行。

2 规范性引用文件

GB/T 15920—2010 海洋学术语 物理海洋学

GB/T 14914.2—2019 海洋观测规范 第2部分：海滨观测

GB/T 12763.2—2007 海洋调查规范 第2部分：海洋水文观测

GB 17378.2—2007 海洋监测规范 第2部分：数据处理与分析质量控制

GB/T 18894—2016 电子文件归档与电子档案管理规范

GB/T 15968—2008 遥感影像平面图制作规范

HY/T 058—2010 海洋调查观测监测档案业务规范

HJ 2.3—2018 环境影像评价技术导则 地表水环境

NB/T 20299—2014 核电厂温排水环境影响评价技术规范

HJ 1213—2021 滨海核电厂温排水卫星遥感监测技术规范（试行）

JTS/T 231—2021 水运工程模拟试验技术规范

DB35/T 1597—2016 温排水监测技术规范

SL 160—2012 冷却水工程水力、热力模拟技术规程

YS-G31—2003 设计图例统一规定

3 术语和定义

(1)水温(water temperature)。

现场条件下测得的海水温度。单位为℃。

(2)温排水(thermal discharge)。

排入自然水体的温度高于自然水体的水。

(3)背景温度(background temperature)。

未受温排水影响的自然海水温度,也叫基准温度。

(4)温升区(temperature rising area)。

由温排水引起的受纳水体温度超过该水体背景温度的范围。

(5)温排水混合区(thermal discharge mixing zone)。

由温排水引起的受纳水体温升超过该水体所在海域水质标准要求的范围。

(6)温排水监测(thermal discharge monitoring)。

通过接触和非接触等手段获得温排水排放海域水体水温的过程。常用的温排水监测方法包括现场监测、卫星遥感监测、航空遥感监测。

(7)温排水预测(thermal discharge predicting)。

针对过去及未来时段温排水排放海域水温的后报及预报过程。常用的温排水预测方法包括数值模拟和物理模型试验。

4　通　则

4.1　目的

采用现场监测、卫星遥感监测、航空遥感监测等多种监测方法以及数值模拟、物理模型试验等预测方法获得海水温度、温排水扩散范围和温升程度,从而为准确科学评价滨海核电温排水对周边海洋环境的影响提供依据。

4.2　原则

温排水监测与预测应遵循以下原则:

(1)科学性。核电温排水监测与预测工作应科学严谨,采用的方法、技术应符合相关标准和规范要求。

(2)代表性。核电温排水监测的断面、站位、水深层次和观察时段应设置合理,所得数据资料能反映监测范围的海水温度、变化规律及其影响因素。

(3)准确性。核电温排水监测与预测获得的数据资料应准确可靠,满足一定的精度要求。

（4）可重复性。核电温排水预测方法、技术与程序应合理规范，重复开展工作得到的结果应相同或相似，可以通过第三方开展的核验。

（5）一致性。在满足规定误差要求的前提下，核电温排水不同监测手段的监测结果之间、不同预测方法的预测结果之间、监测结果与预测结果之间应保持基本一致。

4.3　范围

温排水监测与预测范围确定应符合下列要求：

（1）温排水监测预测范围应根据滨海核电温排水排放特点、影响温排水排放的自然条件、温排水可能影响的区域综合确定，原则上应以项目取排水非透水构筑物外缘向外扩展 15km 以上。

（2）数值模型的计算范围应足够大，能反映核电温排水工程所在海区流场整体特征，其开边界处的水文要素和温升应不受域内温排水工程的影响，宜选在流场比较均匀、冲淤基本平衡的断面。

（3）物理模型试验段范围应根据温排水排放情况、排放海域水深地形条件、潮流具体情况确定，应包括温排水工程及其可能影响范围。试验段两侧或四周应有过渡段，过渡段宽度及长度应保证试验段水流运动相似。

4.4　质量控制

质量控制应贯穿监测预测工作的全过程，主要包括收集资料和监测预测过程两个部分。

4.4.1　数据资料

（1）采用的已有文献、资料应就其合法性、单位制、时效性、可靠性及适用区域等给出明确的质量要求，并进行具体质量分析评估。

（2）收集的海洋环境分析测试数据应由依法取得检验检测资质认证证书的单位提供。

4.4.2　监测预测过程

（1）监测预测单位应建立质量管理体系，并能有效运行，根据本单位的质量体系和调查项目要求制订质量控制计划。

（2）监测人员应掌握海洋环境调查基础知识、专业知识与调查操作技能，应进行调查技能培训，遵循相关安全作业要求。

(3)进行航空遥感监测的驾驶人员应取得航空驾驶员合格证。

(4)监测仪器应进行计量检定校准，在检定周期内使用，所用仪器应能满足调查作业要求。

(5)温排水预测试验人员应掌握物理海洋等专业基础知识，开展工作人员应进行过相关软件、相关设备的培训工作。

(6)数据处理和分析质量控制按《海洋监测规范 第 2 部分：数据处理与分析质量控制》(GB 17378.2—2007)有关规定执行。

5 工 作 方 法

核电不同建设运营阶段(选址、方案论证、运营跟踪监测以及后评估)需要开展的监测预测手段不同、目的不同，其对温排水监测预测的基本要求也不同。

5.1 选址阶段

(1)以资料收集和数值模拟为主，辅以必要的现场监测。

(2)资料收集内容包括与拟排放水域有关的水文、气象、地形、海洋保护与利用以及核电厂规划发电容量、工艺和温排水排放量等资料，当相关资料无法收集时应开展现场监测。

(3)数值模拟可选用平面二维数值模型。

5.2 方案论证阶段

方案论证阶段应以现场监测和数值模拟为主，辅以必要的物理模型试验，并收集相应的卫星遥感数据。

5.2.1 现场监测

(1)监测目的主要是为数值模拟和物理模型试验参数率定、模型制作、结果验证等提供基础数据。

(2)监测内容包括拟排入海域的温度、水文、气象、水深及地形等，具体内容及方法、频率、站位等要求详见第 3 部分。

5.2.2　数值模拟

(1)数值模拟的目的主要是分析不同排放方案温排水的影响范围和温升程度，为取排水工程方案比选和平面布置优化提供依据。

(2)数值模拟取排水口位置方案比选可采用二维或三维数值模型；推荐方案的温排水预测应选用三维数值模型，但对于充分混合的河口、宽浅海域、取排水口远区的数值模拟可选用成熟的二维数学模型。

(3)当模型预测结果出现下列情况时，应对温排水工程方案进行优化设计，并基于优化后的方案重新开展数值模拟。

①对适用于一类、二类水质要求的海域，人为造成的温升，夏季超过了当时当地1℃，或者其他季节超过了2℃。

②对适用于三类、四类水质要求的海域，人为造成的温升超过当时当地4℃。

③夏季高于 1℃温升的包络范围及冬季高于 2℃温升的包络范围超出了三类、四类水体范围。

④4℃温升包络线贴岸。

(4)数值模拟其他技术要求见第 6 部分和第 7 部分。

5.2.3　物理模型试验

(1)物理模型试验的目的是通过试验分析不同排放方案温排水的影响范围和温升程度，并将其推广到原型中，从而为方案比选和优化提供依据。

(2)物理模型试验原则上应以港池试验为主。

(3)物理模型试验其他技术要求见第 8 部分。

5.2.4　卫星遥感监测

(1)卫星遥感监测的目的是掌握工程海域表层水温的本底分布规律，为数值模拟和物理模型试验结果分析提供参考。

(2)应尽量收集工程海域不同季节(夏冬季节)、不同潮型(大中小潮)、不同典型潮时(高潮、低潮、涨急、落急)的卫星遥感数据。

(3)遥感监测其他技术要求见第 4 部分。

5.3　运营跟踪监测阶段

运营阶段的跟踪监测应以现场监测和卫星遥感监测为主，辅以必要的航空遥感监测。

5.3.1 现场监测

(1)现场监测的目的是掌握水温及海域动力条件的实时变化，掌握滨海核电运营阶段温排水实际扩散范围和温升程度。

(2)现场监测应重点监测取排水口附近、4℃温升区、1℃温升区和生态敏感区等的水温。

(3)现场监测以定点观测为主，监测内容包括温度、水文、气象等，具体内容及方法、频率、站位要求等详见第 3 部分。

5.3.2 卫星遥感监测

(1)卫星遥感监测的目的是获取工程海域表层水温的瞬时分布情况。

(2)卫星遥感监测应结合卫星过境情况，进行常态化监测。

(3)卫星遥感监测技术要求见第 4 部分。

5.3.3 航空遥感监测

(1)航空遥感监测的目的是获取工程海域表层水温在特定时刻的分布情况，亦可用于特定海域的应急监测。

(2)航空遥感监测时宜对海域表层水温开展同步船测或浮标监测，用于航空遥感监测数据的校正。

(3)航空遥感监测技术要求见第 5 部分。

5.4 后评估

后评估是核电运营后就温排水实际影响范围、温升程度及其生态影响开展的专项评价工作，可根据需要定期或不定期开展。后评估应以收集运营期现场跟踪监测数据、卫星遥感数据和数值模拟为主，必要时可补充相应的现场监测和航空监测数据。

5.4.1 现场监测

(1)现场监测应以运营期跟踪监测数据为主，辅以必要的补充监测。

(2)运营期跟踪监测内容、站位数量、频率和时段未达到第 3 部分要求的应进行补测。

(3)运营期未开展跟踪监测的应按第 3 部分规定的监测内容、站位数量、频率和时段要求开展监测。

5.4.2　航空遥感监测

（1）航空遥感监测的目的是针对无法开展现场监测和卫星遥感监测的季节、潮型或海域进行表层水温监测。

（2）航空遥感监测范围应覆盖 4℃温升区的全部和 1℃温升区的主要部分。

（3）航空遥感监测其他技术要求见第 5 部分。

5.4.3　数值模拟

（1）数值模拟的目的是获取核电厂运营期不同运行模式、不同工程海域、不同季节、不同潮型、不同流态下的温排水影响范围和温升程度。

（2）数值模拟应采用跟踪监测阶段的长期现场监测数据和遥感数据进行验证。

（3）数值模拟宜采用三维数值模型。

（4）数值模拟其他技术要求见第 6 部分和第 7 部分。

6　工　作　成　果

温排水监测预测的工作成果主要包括成果报告、专题图件、数据集三部分。

6.1　成果报告

滨海核电温排水监测预测各项工作应形成相应的专题研究成果报告，报告编写应符合附录 A 的要求。

6.2　专题图件

6.2.1　图件类型

图件类型包括工程附近海域监测与预测温度分布图、变化曲线图、温升分布图、温升包络线图以及其他必要的图件，应包括：

（1）不同季节、不同潮型、不同流态、不同水层的温度分布图。

（2）不同站位、不同水层、不同时段的温度变化曲线图。

（3）不同季节、不同潮型、不同流态、不同水层的温升分布图，图上应包括 4℃、3℃、2℃、1℃、0.5℃温升等值线。

（4）不同季节、不同潮型、不同流态、不同水层 4℃、3℃、2℃、1℃、0.5℃

温升包络线图。

(5)其他图件：取排水工程平面布置图、排水口头部剖面图、监测预测范围图、监测站位分布图、水深地形图、潮流矢量图、波浪玫瑰图、潮位时间过程图、潮流时间过程图、波浪时间过程图、航空飞行航迹图、航空像控点分布图、遥感几何校正点分布图、数学模型网格图、物理模型总体布置图等。

6.2.2 图件要求

1. 图件整体要求

(1)坐标系：应采用 CGCS2000 国家大地坐标系。

(2)地图投影：应采用高斯-克吕格投影，宜按 1.5°分带。

(3)深度基准：应采用当地理论深度基准面，远海区根据实际情况可以采用当地平均海平面。

(4)高程基准：应采用 1985 国家高程基准。

(5)分幅：需将所绘制地图按一定方式划分成尺寸适宜的若干单幅地图，以便于地图制作和使用，有矩形分幅和经纬分幅两种常见形式，按照计算预测所需进行选择。

(6)比例尺：应以数字和图标的方式表示，置于图框内，比例尺数值应归整，一般置于图面右下角位置，以不影响图面要素表达为宜。

(7)图名：应置于图幅上部，距离上图廓外边缘 3mm。

(8)指北针：一般采用箭头式，标注北方 N，黑白色显示，置于图面右上角，可适当调整位置。

(9)基础地理信息名称标注一般采用 14K 宋体，县级以上城市地名及重要基础地理信息名称标注可适当放大。

(10)绘制温升包络线图时应叠加岸线、构筑物、敏感目标及其他权属范围等，以便分析预测温排水带来的影响。

(11)各图件除有特殊要求的专用图例之外，须执行《设计图例统一规定》(YS-G31—2003)。

2. 温升分布图绘制

1)温升值分布获取

提取同一网格(像元、测站)在同一季节、潮型、流态、水层的最大温升值，得到不同情景的温升平面分布数据。

2)温升等值线绘制

根据温升平面分布数据，利用绘图软件生成 4℃、3℃、2℃、1℃、0.5℃

温升等值线，得到温升等值线分布图。

3. 温升包络线绘制

1）温升包络线获取

将不同季节情景下的 4℃、3℃、2℃、1℃、0.5℃温升等值线分别叠置，获得温升最大外包络线。

2）温升包络线处理

在获得最大外包络线的基础上，对最大外包络线进行适当平滑处理，保持处理后的包络线面积基本不变。

4. 温升图色标分级

在温升图上，需通过分级来标示不同温升强度，具体的分级标准及对应色标（RGB 值）参见表 1.1。

表 1.1　不同温升强度制图分级表

温升范围	R 值	G 值	B 值	色彩图
<背景温度	10	7	214	
[0℃,1℃)	163	255	155	
[1℃,2℃)	255	255	0	
[2℃,3℃)	255	0	195	
[3℃,4℃)	255	170	0	
[4℃,5℃)	255	0	0	
≥5℃	115	0	0	

6.3　数据集

（1）包括野外调查时仪器记录的原始数据、现场记录调查表、后期整理的过程数据、实验室内进行测试的分析报告等，以及有代表性、有保存价值的现场照片、影像资料。

（2）为确保数据应有的准确度，应从正确地记录现场监测的原始数据开始，对任何一个有计算意义的数据都要谨慎地估量。

（3）电子文件应按项目的要求格式进行生成和转换，如无具体要求，应按《电文文件归档与电子档案管理规范》（GB/T 18894—2016）的规定采用下列通用格式：

①文字类型：XML、RTF、TXT。

②图像文件：JPEG、TIFF。

③音频文件：WAV、MP3。

④视频和多媒体文件：MPEG、AVI。

7 成 果 归 档

项目验收后应及时进行归档，归档内容和归档要求如下。

7.1 归档内容

监测预测工作完成后应进行成果归档，归档内容主要包括：

(1)不同监测预测得到的数据、各类监测预测成果报告。

(2)有关请示报告、适宜性评价报告、实施方案、效果评估报告、工作总结报告，以及与业主单位的往来函件、合同书等。

(3)现场调查方案及实施过程记录。

(4)现场监测过程中收集整理或计算得到的原始数据、调查和分析的原始记录、数据处理成果、现场照片、影像资料以及实验室测试分析报告等。

(5)监测预测海域的温度分布图、温度变化曲线图、温升分布图、温升包络线图以及其他必要的图件。

7.2 归档要求

(1)项目负责人负责组织文件材料整理立卷，归档材料应齐全、完整、准确、系统，按《海洋调查观测监测档案业务规范》(HY/T 058—2010)的相应规定进行归档。

(2)应按规定对归档文件材料进行鉴定，以确定其保管期限和密级，按密级分为绝密、机密、秘密及不定密的内部文件、公开文件，并妥善保管。

(3)所归档和移交的文件材料应是原件，同时要移交案卷目录、文件目录、归档电子文件的目录及相应的电子版文件目录，归档移交记录表一式两份分别由移交单位和接收单位保存。

(4)电子文件材料应注明归档时间、范围、技术环境、相关软件、版本、存储载体类型、数据类型、格式、被操作数据及检测数据、文件备份等，一般采用一次性写入光盘存储，数据量较大时可采用硬盘或磁带作为存储载体。

第2部分 背景温度提取

1 适 用 范 围

本部分规定了滨海核电温排水监测预测中背景温度的提取方法、过程等。

本部分适用于已建和拟建滨海核电厂邻近水域水体水温监测预测中的背景温度提取。

滨海火电厂和内陆滨河滨湖电厂温排水监测预测中的背景温度提取工作可参照使用。

2 规范性引用文件

GB/T 15968—2008 遥感影像平面图制作规范

GB/T 14914.2—2019 海洋观测规范 第2部分：海滨观测

GB/T 12763.2—2007 海洋调查规范 第2部分：海洋水文观测

HY/T 147.7—2013 海域监测技术规程 第7部分：卫星遥感技术方法

HJ 1213—2021 滨海核电厂温排水卫星遥感监测技术规范（试行）

NB/T 20299—2014 核电厂温排水环境影响评价技术规范

JTS/T 231—2021 水运工程模拟试验技术规范

DB35/T 1597—2016 温排水监测技术规范

3 术语和定义

(1)潜排区(potential thermal plume area)。

温排水在空间上可能出现的温升范围。

(2)背景温度(background temperature)。

未受温排水影响的自然海水温度，也叫基准温度。

(3)绝对水深(obsolute water depth)。

现场监测时的垂向水深位置，单位为 m。

(4)标准观测水层(standard observation water layer)。

现场监测的垂向水深在 σ 坐标系下的垂向位置,为无量纲参量。

4 一 般 规 定

4.1 目的

根据温排水监测预测需要,确定未受温排水影响情况下的海水温度,为温升区温升幅度的计算提供基准温度,可包括不同季节的海表温度、水层温度、垂向平均温度。

4.2 原则

背景温度提取应遵循以下原则:

(1)同一监测预测手段不同时间的背景温度提取方法需保持一致。

(2)同一核电厂同一监测预测手段提取不同时间背景温度时,所用温度数据的站位、遥感像元位置、观测水层、模拟范围及模型设置需相同。

(3)对于已建核电厂,宜采用多种手段提取背景温度并进行综合分析,以得出更为客观的温升场。

4.3 质量控制

按第 1 部分第 4 章的要求执行。

4.4 工作成果

(1)现场监测、遥感监测、数值模拟等监测预测手段具有不同的优缺点,对于已建核电厂,宜采用多种手段提取背景温度并进行综合分析,从而得出更为客观的温升场。

(2)其他工作成果要求按第 1 部分第 6 章的要求执行。

5 现场监测背景温度提取

现场监测数据多为点数据,具体可包括表层数据和垂向剖面数据。现场监测数据的背景温度的提取包括数据准备、常用方法及方法推荐三部分。

5.1　数据准备

运用监测数据提取背景温度前，应完成如下工作：

(1)完成所有站位的观测数据处理，包括数据校正、奇值点剔除等。

(2)估计核电温排水影响的大致范围，并基于监测站位分布情况选择适宜的背景温度提取方法。

5.2　常用方法

现场监测数据的背景温度提取方法包括取水口法、多点平均法、数值模拟重构法三种方法。

5.2.1　取水口法

(1)选择核电厂取水口附近监测站位的海水温度作为背景温度，海水温度应是现场实测。

(2)用于估算背景温度的实测站位距离取水口不宜超过 500m。

(3)待求温升的监测站位和作为背景温度的监测站位监测时间应一致。

(4)使用非表层水温作为背景温度时，如果待求温升站位和背景温度站位存在水深差异，应将绝对水深换算到相对水深，换算公式为

$$\sigma = \frac{z}{H} \tag{2.1}$$

式中，σ 为监测站位相对水深，无量纲；z 为水温观测层绝对水深，m；H 为水温观测时的瞬时总水深，m。

5.2.2　多点平均法

(1)采用取水口或海湾湾口附近多个现场监测站位的水温观测数据平均值作为背景温度，监测站位数量应不少于 3 个。

(2)取水口附近用于计算背景温度的监测站位距离取水口不宜超过 500m。

(3)用于计算背景温度的多个站位之间温度的差值不应大于 1℃。

(4)待求温升的站位和用于估算背景温度的不同站位的水温观测时间、相对水深应一致。

(5) 使用非表层水温作为背景温度时，如果不同站位存在水深差异，应根据公式 (2.1) 将绝对水深换算到相对水深。

5.2.3 数值模拟重构法

(1) 分别构建温排水排放前和排放后的数值模型，其中至少一个模型需按照第 6 部第 9 章的要求进行严格的验证。

(2) 采用构建的数学模型分别计算待求温升监测站位的排放前模拟温度 T_{m1} 和排放后模拟温度 T_{m2}。

(3) 背景温度提取采用如下公式：

$$T_b(x,y,z,t) = T_s(x,y,z,t) + T_{m1}(x,y,z,t) - T_{m2}(x,y,z,t) \tag{2.2}$$

式中，T_b 为待求站位的背景温度，℃；T_s 为待求站位的实测海水温度，℃；T_{m1} 为温排水排放前的待求站位的数值模拟温度，℃；T_{m2} 为温排水排放后的待求站位的数值模拟温度，℃；(x,y,z) 为待求站位的空间坐标；t 为时间。

(4) 重构数据应与待求监测站位的观测时间、层位一致。

5.3 方法推荐

背景温度提取方法应根据电厂所在海域自然特征、开发利用与保护现状、前期监测工作基础与资料积累、监测预测单位技术实力等情况进行选择。

(1) 当取水口或海湾湾口的监测站位较多时，建议优先采用多点平均法。

(2) 当取水口或海湾湾口的监测站位较少，且待求背景温度的监测站位距离取水口或海湾湾口较近时，建议优先采用取水口法。

(3) 当待求温升的监测站位较多且空间分布较广时，宜采用数值模拟重构法。

(4) 当取水口明显受核电温排水热回归影响时，不得采用取水口法或基于取水口附近站位进行的多点平均法。

6 遥感监测背景温度提取

遥感观测数据通常为某个瞬时时刻海水表层温度的面数据，其背景温度提取包括数据准备、常用方法及方法推荐三部分。

6.1　数据准备

运用遥感数据提取背景温度前，应完成如下工作：

(1)收集监测海域的历史遥感数据，遥感数据的空间分辨率应满足本书第 3 部分的要求。

(2)对于同一监测海域的每期遥感数据均采用相同的方法进行温度反演。

(3)按照本书第 4 部分的方法进行反演结果验证和质量检查，并剔除奇值点温度。

(4)根据历史数据和相关资料估计核电温排水排放前海表水温及其分布。

可采用如下方法估计潜排区范围：

(1)数值模拟、物理模型试验估算，数值模拟和物理模型试验可分别参照本书第 4 部分和本书第 5 部分。

(2)以排放口附近遥感反演温度高于反演结果平均值 0.5℃的海域作为潜排区，用于计算反演平均温度的范围应不少于 $100km^2$。

(3)根据现有资料并结合所在海域水动力条件进行估算。

6.2　常用方法

遥感观测数据的背景温度提取方法包括取水口法、最低温度法、海湾平均温度法、缓冲区多点平均法、温度梯度法、邻近区域替代法、数值模拟重构法七种方法。

6.2.1　取水口法

(1)以核电厂取水口附近海域所有像元的海表温度反演结果平均值作为背景温度。

(2)用于计算背景温度的像元中心点距离取水口不宜超过 500m。

6.2.2　最低温度法

(1)以潜排区内遥感反演的最低温度作为监测海域的背景温度。

(2)对于每景影像，潜排区应独立估算，背景温度应独立提取。

(3)对于同一核电的不同时期影像，潜排区的估算方法应一致。

6.2.3　海湾平均温度法

(1)以扣除潜排区后的海湾遥感反演温度平均值作为背景温度。

(2)海湾平均温度计算范围为湾口两侧岬角连线及内侧的像元。

(3)潜排区的计算应符合本部分 6.1 节的要求。

6.2.4　缓冲区多点平均法

(1)以潜排区外围 200～500m 为缓冲区，其内所有像元的平均反演温度作为背景温度。

(2)潜排区的计算应符合本部分 6.1 节的要求。

6.2.5　温度梯度法

(1)计算遥感反演温度的空间梯度，绘制临界温度梯度等值线。

(2)绘制临界温度梯度等值线的包络线。

(3)以包络线两侧 100m 内所有像元的反演温度平均值作为背景温度。

(4)临界温度梯度的推荐取值范围为 0.004～0.006℃/m。

6.2.6　邻近区域替代法

(1)选取核电运行后包含冬夏两季典型潮的多期遥感数据。

(2)估算每一期遥感数据的潜排区，潜排区的估算应符合本部分 6.1 节的要求。

(3)获取多期潜排区边界包络线，作为监测海域潜排区的边界线。

(4)将潜排区边界线外侧 300m 范围内所有像元反演平均温度作为背景温度。

6.2.7　数值模拟重构法

(1)分别构建温排水排放前和排放后的三维模型，并按照第 6 部分第 9 章的要求进行验证。

(2)采用构建的三维数学模型计算温排水排放前的遥感影像成像时刻海水表层温度 T_{m1}。

(3)采用构建的三维数学模型计算温排水排放后的遥感影像成像时刻的海水表层温度 T_{m2}。

(4)根据如下公式计算背景温度：

$$T_b(x,y,t) = T_s(x,y,t) + T_{m1}(x,y,t) - T_{m2}(x,y,t) \tag{2.3}$$

式中，T_b 为待求的背景温度，℃；T_s 为温排水排放后的遥感反演温度，℃；T_{m1} 为温排水排放前的海水表层数值模拟温度，℃；T_{m2} 为温排水排放后的海水表层数值模拟温度，℃；(x, y) 为待求站位的空间坐标；t 为时间。

（5）采用该方法时，数值模型的第一层水深厚度不得超过 1m。

6.3　方法推荐

背景温度提取方法应根据电厂所在海域自然特征、开发利用与保护现状、前期监测工作基础与资料积累、监测预测单位技术实力等情况进行选择。

（1）当取水口与排水口较近或受核电温排水热回归影响时，不得采用取水口法。

（2）对于开阔海域、宽浅海湾或海湾全部为潜排区时，不宜使用海湾平均温度法。

（3）当海湾内潜排区以外不同海域温差较大时，不宜使用海湾平均温度法。

（4）当存在多个核电温排水叠加时，不宜使用温度梯度法计算某个或某期核电厂排水口海域的背景温度。

（5）当核电温排水排放前遥感数据较多时，推荐优先采用邻近区域替代法。

（6）当具备数值模拟计算条件时，推荐优先采用数值模拟重构法。

7　数值模拟背景温度提取

数值模拟可得到某时间段内海水温度的体数据，其背景温度提取包括数据准备、常用方法及方法推荐三部分。

7.1　数据准备

利用数值模拟数据提取背景温度前，应分别构建温排水排放前和排放后的数值模型，其中至少一个模型需按照第 6 部分第 9 章的要求进行验证。

7.2　常用方法

数值模拟数据的背景温度提取方法包括数值模拟重构法和温度梯度法两种方法。

7.2.1 数值模拟重构法

(1)利用验证后的三维数学模型,计算未排放温排水时监测海域的温度,并将其作为背景温度。

(2)计算温排水排放前与排放后海水温度的数学模型,应采用相同的计算参数、模型设置。

7.2.2 温度梯度法

(1)利用验证后的三维数学模型,计算排放温排水后监测海域的温度。

(2)将数值模拟得到的温排水排放后的水温数据插值到垂向 σ 层(σ 为监测站相对水深)。

(3)计算某一 σ 层模拟温度的空间梯度,绘制临界温度梯度等值线。

(4)绘制临界温度梯度等值线的包络线。

(5)以包络线两侧 100m 内所有像元的反演温度平均值作为背景温度。

(6)临界温度梯度的推荐取值范围为 $0.004\sim0.006℃/m$。

7.3 方法推荐

背景温度提取方法应根据电厂所在海域自然特征、开发利用与保护现状、前期监测工作基础与资料积累、监测预测单位技术实力等情况进行选择。

(1)当具备温排水排放前数值模拟计算条件时,推荐优先采用数值模拟重构法。

(2)当不具备温排水排放前数值模拟计算条件时,可采用温度梯度法。

第 2 篇　监 测 技 术

第3部分 现 场 监 测

1 范　　围

本部分规定了滨海核电厂方案论证、运营期阶段和后评估水温及环境现场监测的内容、方法等。

本部分适用于已建拟建滨海核电厂邻近水域水体水温及环境监测。

内陆滨河滨湖电厂及滨海火电厂温排水监测工作可参照使用。

2　规范性引用文件

GB/T 12763.2—2007　海洋调查规范 第2部分：海洋水文观测

GB/T 19485—2014　海洋工程环境影响评价技术导则

GB/T 14914.2—2019　海洋观测规范 第2部分：海滨观测

HJ 19—2022　环境影响评价技术导则 生态影响

国海发〔2010〕22号　海域使用论证技术导则(试行)

GB/T 12763.3—2020　海洋调查规范 第3部分：海洋气象观测

自然资办函〔2022〕640号　自然资源部办公厅关于进一步规范项目用海监管工作的函

3　术语和定义

(1)断面观测(sectional observation)。

在监测海域沿水平直线布设若干个观测点(站位)，由这些观测点的垂线所构成的面称为断面。在此断面各观测点上进行的海洋观测称为断面观测。

(2)连续观测(continuously observation)。

在监测海域有代表性的测点上，连续进行25h以上的海洋观测。

(3)同步观测(synchronous observation)。

在监测海域若干观测点上，同时进行相同海洋环境要素的观测。

(4)走航观测(running observation)。

根据预先设计的航线，使用单船或多船携带走航式传感器采集观测海洋环境要素数据。

(5)定点长期观测(fixed long-term observation)。

在监测海域的固定观测站位，采用浮标等自动监测设备进行连续(观测时长不小于 30 天)海洋环境要素的观测。

(6)温盐深仪(conductivity-temperature-depth，CTD)。

温盐深仪是用于测量温度、盐度和深度垂直连续变化的自记仪器。

(7)声学多普勒海流剖面仪(acoustic Doppler current profiler，ADCP)。

声学多普勒海流剖面仪，是以声波在流动液体中的多普勒频移来测量流速的仪器。

(8)生态敏感区(ecologically sensitive area)。

生态敏感区包括法定生态保护区域、重要生境以及其他具有重要生态功能、对保护生物多样性具有重要意义的区域。法定生态保护区域包括依据法律法规、政策等规范性文件划定或确认的国家公园、自然保护区、自然公园等自然保护地、世界自然遗产、生态保护红线等区域；重要生境包括重要物种的天然集中分布区、栖息地，重要水生生物的产卵场、索饵场、越冬场和洄游通道，迁徙鸟类的重要繁殖地、停歇地、越冬地以及野生动物迁徙通道等。

4 一 般 规 定

4.1 监测范围

按第 1 部分第 4 章的要求执行。

4.2 质量控制

按第 1 部分第 4 章的要求执行。

4.3 工作成果

按第 1 部分第 6 章的要求执行。

4.4　资料和成果归档

按第 1 部分第 7 章的要求执行。

5　方案论证阶段监测

方案论证阶段现场监测范围原则上应与海域使用论证范围一致。监测范围应细化为具体坐标。主要用以表明调查区域的水温、海洋水文动力环境要素、气象要素的现状。方案论证阶段现场监测报告大纲见附录 C.1。对搜集到的历史时期的水温、海洋水文动力环境要素以及气象要素的记录格式见附录 B。

5.1　水温监测

方案论证阶段的水温监测应包括连续观测和断面观测。连续观测站位和走行观测航线的数量、位置，原则上应符合《海域使用论证技术导则（试行）》（国海发〔2010〕22 号）、《海洋工程环境影响评价技术导则》（GB/T 19485—2014）中海水水质调查的要求。

5.1.1　连续观测

1. 站位布设

（1）站位应按照全面覆盖、重点代表的原则布设，其数量不少于 6 个，在预设排水口附近应加密布设。站位布设应兼顾潮位潮流观测点的设置。当调查海域因大风浪或冰冻等影响观测时，可在观测点附近 200m 内另行选点。

（2）当监测海域涉及敏感区域和特征变化海域时，应结合实际情况和特征要素适当增加站位。

（3）在进行水温观测之前，应对监测海域的水深进行观测，了解监测海域水深情况，根据不同站位的水深情况确定合适的观测层次。标准观测层次如表 3.1 所示。

（4）列出监测站位表和分布图，图表格式见附表 B.2。

表 3.1　标准观测层次

水深范围/m	标准观测水层	底层与相邻标准层的最小距离/m
<5	表层、底层	2
5~10	表层、0.2H、0.6H、底层	2
>10	表层、0.2H、0.6H、0.8H、底层	2

注：①水深不大于 10m 时，以实际水深 H 确定标准观测水层，底层为离底 2m 的水层；②水深大于 10m 时，表层指海面下 2m 以内的水层；③当水温垂向变化剧烈时，观测层次可适当加密；④当底层与相邻标准层的距离小于规定的最小距离时，可免测接近底层的标准层。

2. 观测时间及频次

(1)根据监测海域的水文动力条件和海洋环境特征，确定水温观测时间和频次。考虑到气温与背景水温差对温排水扩散有较大影响，在气温与水温接近时监测资料的代表性较好，观测时间应覆盖春夏秋冬四季的大潮期和小潮期。

(2)观测时应以北京时间 24 时(不含 24 时)为日界，每个整点记录一次，持续时间应不少于 25h。

3. 质量要求

水温观测的单位为摄氏度(℃)，误差为±0.02℃，分辨率为 0.005℃。海水温度在 0℃以下时，数据记录前加"－"号。整点记录因故缺测时，应用整点前后 30min 内接近整点的记录代替。海洋水温观测记录表格式见附录 A。

4. 监测方法

监测仪器主要使用温盐深仪定点测温，其使用步骤、要求以及相关数据的整理参考标准《海洋调查规范 第 2 部分：海洋水文观测》(GB/T 12763.2—2007)相关部分。

5.1.2　断面观测

1. 航线布设

(1)航线应穿越温排水混合区，宜均匀布设，其方向应与主潮流流向或岸线走向垂直，在预设排水口附近应设航线。一般应布设不少于 5 条航线，若监测海域涉及生态敏感区时应适当增设航线。应列出航线分布图和监测站位表，格式见附表 B.2。

(2)航线垂向分层参照本部分 5.1.1 节站位布设。实际观测时，可利用仪器测得的标准观测层上下相邻的观测值通过内插求得标准层数据。

2. 观测时间及频次

(1)根据监测海域的水文动力条件和海洋环境特征,确定水温观测时间和频次。观测时间应覆盖春夏秋冬四季的大潮期和小潮期。

(2)观测时应以北京时间 24 时(不含 24 时)为日界,每个整点记录一次,持续时间应不少于 25h。

(3)同一航线观测应在水温未发生明显变化的时间段内结束。

3. 质量要求

水温观测的单位为摄氏度(℃),误差为±0.02℃,分辨率为 0.005℃。海水温度在 0℃以下时,数据记录前加"−"号。整点记录因故缺测时,应用整点前后 30min 内接近整点的记录代替。海洋水温观测记录表格式见附录 A。

4. 监测方法

一般使用抛弃式温深仪(XBT)、抛弃式温盐深仪(XCTD)和断面式温盐深仪(SCTD)等仪器。实际观测时应在船只以规定船速航行下投放,其观测步骤、要求及相关数据的整理参考标准《海洋调查规范 第 2 部分:海洋水文观测》(GB/T 12763.2—2007)相关部分。

5.2 水文动力监测

水文动力监测以连续观测为主。

5.2.1 潮流

1. 站位布设

(1)潮流观测范围应不小于监测海域范围,垂直和平行潮流主流向方向均应布设断面,每个方向应不少于 3 条断面,每条断面应布设 2～3 个站位。垂直主流向的断面长度一般应不小于 5km,平行潮流主流向方向断面长度应不小于 1 个潮周期内水质点可能达到的最大水平距离的 2 倍;站位布设应具有代表性,所测数据应能够反映监测海域潮流的空间变化特征。

(2)监测海域涉及生态敏感区时应适当增设监测站位。

(3)在潮流观测时应考虑水深的影响,根据不同站位的水深情况确定观测层次,标准观测层次如表 3.1 所示。

(4)列出监测断面分布图和站位表,图表格式见附表 B.2。

2. 观测时间及频次

(1)根据监测海域的水文动力条件和海洋环境特征,确定潮流观测时间和频次。观测时间应覆盖春夏秋冬四季的大潮期和小潮期。

(2)观测时应以北京时间 24 时为日界,每个整点时刻(不含 24 时)记录一次,持续时间应不少于 25h。同时应有不少于三次符合良好天文条件的周日连续观测。

3. 质量要求

潮流观测中的流向为瞬时值,流速值应使用 3min 内的平均流速表示。潮流观测精度要求如表 3.2 所示。潮流观测记录表格式见附录 B。

表 3.2　潮流观测精度

流速/(cm/s)	精度	
	流速	流向
<100	±5cm/s	±5°
≥100	±5%	

4. 监测方法

监测方法以及相关数据整理参考标准《海洋调查规范 第 2 部分:海洋水文观测》(GB/T 12763.2—2007)相关部分。

5.2.2　潮位

1. 站位布设

站位布设应选择水流畅通、流速平稳、淤积较轻、波浪影响较小的海域,当地理论最低潮位时水深一般不小于 1m。实际布设时,应根据河口、海湾、峡道、潟湖和开敞海域的不同潮汐特征确定站位,具体位置和数量应反映工程所在海域的潮位空间差异,一般不少于 5 个。

2. 观测时间及频次

观测时间应覆盖春夏秋冬四季,同时应覆盖潮流观测期,每次观测不少于30 天。

3. 质量要求

(1)潮高最大允许误差为 ±1cm,记录时保留整数。潮时最大允许误差为±1min,采用四位计时法。

(2)应列出潮位监测站位分布图和站位表,图表格式见附表 B.2。

4. 监测方法

潮位观测采用潮位计,其安装位置应低于当地理论最低潮位 1m。监测

方法以及相关数据整理参考标准《海洋观测规范 第 2 部分：海滨观测》
(GB T 14914.2—2019)相关部分。

5.2.3 波浪

1. 站位布设

波浪连续观测一般布设 1 个站位，观测海域开阔，无岛屿、暗礁、沙洲和
水产养殖、捕捞区等障碍物影响，避开陡岸。抛设浮标(或传感器)处的水深一
般不小于 10m，海底平坦，避开急流区。

2. 观测时间及频次

观测时间根据监测海域水文气象特征，一般应进行周年观测，也可选择春
夏秋冬四季的代表性月份分别进行，每次观测不少于 30 天。

3. 质量要求

波浪观测应包括波高、周期以及波向。波高的单位为厘米(cm)，最大允许
误差为±10%；波周期的单位为秒(s)，最大允许误差为±0.5s；波向的单位为
度(°)，最大允许误差为±5°。波浪观测记录表见附表 B.6。

4. 监测方法

波浪监测一般应采用波浪传感器或测波浮标自动观测，监测方法以及相
关数据整理参考标准《海洋观测规范 第 2 部分：海滨观测》(GB/T 14914.2—
2019)相关部分。

5.3 气象要素

海域气象要素监测包括气温、相对湿度、风速、风向、气压等，以连续观
测为主。

1. 观测位置

(1)气温和相对湿度传感器应安装在百叶箱或防辐射罩内，尽量避免周围
热源和辐射的影响，传感器中心离海面的高度为 2m±0.05m。

(2)海面风传感器应安装在船舶大桅顶部，四周无障碍，传感器与桅杆间
距应不小于桅杆直径的 10 倍，风向传感器的 0°应与船艏方向一致。

(3)气压传感器应安装在温度变化和缓、没有人为热源、不直接通风处。

2. 观测时间及频次

(1)气温和相对湿度观测每 3s 采样一次，连续采样 1min，经误差处理后，

计算平均值，整点前 1min 的平均值，作为该整点的气温和相对湿度值。

（2）风观测每 3s 采集一次，连续采样 10min，计算风速和相应风向的平均值，作为该 10min 结束时刻的平均风速和相应风向；每一整点的前 10min 平均风速和相应风向，作为该整点的风速和相应风向值。

（3）气压观测每 3s 采样一次，连续采样 1min，经误差处理后，计算样本数据的平均值并经高度订正（订正值为船舶平均吃水线到气压传感器的高度乘以0.13）为海平面气压值；整点前 1min 的平均值，作为该整点的海平面气压值。

3. 质量要求

（1）温度单位为摄氏度（℃），分辨率为 0.1℃，准确度为 ±0.2℃。相对湿度以百分率（%）表示，分辨率为 1%。当相对湿度小于或等于 80%时，最大允许误差为 ±10%；当相对湿度大于 80%时，最大允许误差为 ±8%。相对湿度记录到整数，缺测记为 "–"。

（2）风向的单位为度（°），分辨率为 1°，正北为 0°，顺时针计量，其最大允许误差为 ±5°，记录时取整数。风速的单位为米每秒（m/s）。当风速不大于 5.0m/s时，最大允许误差为 ±0.5m/s；当风速大于 5.0m/s 时，最大允许误差为 ±10%，风速记录到 0.1m/s；静风时，风速记为 0.0m/s。

（3）气压的单位为百帕（hPa）。最大允许误差为 ±0.lhPa，记录到 0.1hPa，缺测记为 "–"。

气象要素观测记录表格式见附表 B.7。

4. 监测方法

监测方法以及相关数据整理参考标准《海洋调查规范 第 3 部分：海洋气象观测》（GB/T 12763.3—2020）和《海洋观测规范 第 2 部分：海滨观测》（GB/T 14914.2—2019）相关部分。

6 运营期水温跟踪监测

运营阶段的水温监测包括定点长期监测、连续监测、卫星遥感监测和航空遥感监测。

6.1 监测内容

采用定点长期监测、连续监测、卫星遥感监测和航空遥感监测等方法，监测核电厂取水口、排水口、附近河口、潮间带、生态敏感区、温排水混合区及其外侧海域水温。

6.2　定点长期监测

1. 站位布设

(1)站位应分别布设在取水口、排水口附近及温升区外，一般应布设 3 个站位。实际布点时，可根据设备安全、水深、风浪和冰冻情况，综合考虑确定观测站点位置。

(2)当监测海域涉及生态敏感区时，应结合实际情况和特征要素适当增加站位。

(3)站位布设方案应以平面图的方式表示，并给出站位坐标，见附表 B.2。

2. 观测时间及频次

观测时间根据监测海域水文气象及核电运行特征，一般应进行周年观测，也可选择春夏秋冬四季的代表性月份分别进行，每次观测不少于 30 天。

3. 质量要求

定点长期监测应包括垂向不同标准水深层次的观测，标准水深层次划分参照本部分表 3.1，水温监测精度以及分辨率见本部分 5.1.1 节。

6.3　连续监测

1. 站位布设

站位应按照全面覆盖、重点代表的原则布设，应包括方案论证阶段的站位，并在取水口、排水口、河口、潮间带、4℃温升线、1℃温升线和生态敏感区适当增设站位。

2. 观测时间及频次

(1)根据监测海域的水文动力条件和海洋环境特征，确定水温观测时间和频次。观测时间应覆盖春夏秋冬四季的大潮期和小潮期。

(2)观测时应以北京时间 24 时为日界，每个整点(不含 24 时)记录一次，持续时间应不少于 25h。

3. 质量要求

水温监测精度以及分辨率见本部分 5.1.1 节。

6.4 卫星遥感监测

在选择卫星遥感影像时，应覆盖春夏秋冬四季、典型潮型、典型流态，并考虑核电不同运行模式。其他要求见第 4 部分。

6.5 航空遥感监测

根据需要确定飞行时间、航线方向、高度、长度及数量等参数。其他要求见第 5 部分。

7　后评估监测

后评估监测以运营期内跟踪监测的数据为主，辅以必要的现场调查观测。运营期未开展跟踪监测的应按本部分第 6 章要求开展监测。

第4部分 卫星遥感监测

1 范　围

本部分规定了滨海核电厂温排水卫星遥感监测的技术内容、程序和方法。

本部分适用于滨海核电厂温排水邻近水域水体表层温度监测。

内陆滨河滨湖电厂及滨海火电厂温排水温升监测可参照执行。

2 规范性引用文件

GB/T 14950—2009　摄影测量与遥感术语

GJB 421A—97　卫星术语

GJB 2700—96　卫星遥感器术语

HY/T 147.7—2013　海域监测技术规程 第7部分：卫星遥感技术方法

HJ 1213—2021　滨海核电厂温排水卫星遥感监测技术规范（试行）

DB35/T 1597—2016　温排水监测技术规范

3 术语和定义

(1)像元（pixel）。

卫星数字影像的基本单元。

(2)空间分辨率（spatial resolution）。

遥感系统能区分两个邻近目标之间的最小角度间隔或线性间隔。

(3)时间分辨率（temporal resolution）。

传感器能够重复获得同一地区影像的最短时间间隔。

(4)大气校正（atmospheric correction）。

消除或减弱卫星遥感影像成像时因大气吸收或散射作用引起的辐射畸变。

(5)几何校正（geometric correction）。

通过投影变换和影像套合等方法消除影像的几何畸变。

(6)辐射校正(radiometric correction)。

消除或减弱数据获取和传输系统因外界因素而产生的系统性、随机性辐射失真或畸变。

(7)黑体(blackbody)。

对任何波长的辐射全部吸收的物体称为黑体。

(8)水表比辐射率(water surface emissivity)。

水表在温度 T、波长 λ 处的辐射出射度 $M_1(T,\lambda)$ 与同温度、同波长下的黑体辐射出射度 $M_2(T,\lambda)$ 的比值。

(9)亮温温度(brightness temperature)。

当一个物体的辐射亮度与某一黑体的辐射亮度相等时,该黑体的物理温度就被称为该物体的亮温温度。

(10)表观辐亮度(TOA radiance)。

表观辐亮度也叫大气顶层的辐射亮度,卫星在大气顶层单位面积、单位波长、单位立体角内接受到的辐射通量。

(11)海水表面温度(sea surface temperature)。

海水表面温度指海洋表层海水温度,一般指海水表面到 0.5m 水深的平均动力学温度,也叫海表温度。

(12)水陆分离(water-land separation)。

去除掉某区域范围内影像的陆地信息,只保留水体信息。

(13)云检测(cloud detection)。

对于有云覆盖的影像,区分云与背景影像,提取并剔除云覆盖区域。

4 一 般 规 定

4.1 监测目的

通过卫星热红外数据反演监测海域的海表温度,掌握工程前海域表层水温及其分布规律,获得工程后温排水造成的温升范围和程度。

4.2 监测内容

(1)获取工程前后监测海域不同季节(夏冬季节)、不同潮型(大中小潮)的海表温度。

（2）在有合适影像数据时，获取工程前后不同典型潮时（高潮、低潮、涨急、落急）的海表温度。

（3）获取工程后温升区域的位置、范围、面积。

4.3　质量控制

按第 1 部分第 4 章的要求执行。

4.4　工作成果

按第 1 部分第 6 章的要求执行。

4.5　资料和成果归档

按第 1 部分第 7 章的要求执行。

5　流　程

温排水卫星遥感监测包括遥感影像与数据收集、预处理、温度提取、温度验证、结果分析、制图与报告等环节，技术流程如图 4.1 所示。

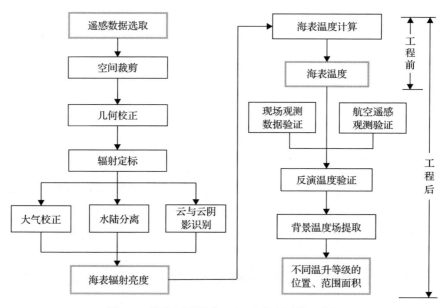

图 4.1　核电厂温排水卫星遥感监测处理流程

6 资料获取

该部分主要包括卫星遥感影像的分辨率要求、成像时间要求、云覆盖要求和谱段要求等；其他数据包括温排水计算过程中关键辅助数据的来源、获取方式和质量要求等。通过规范遥感影像的数据来源、大气校正参数的获取过程和水表比辐射率的取值范围，为水温的遥感反演提供基础数据和关键参数。

6.1 遥感影像

(1)遥感影像要覆盖核电厂温排水监测范围，拼接影像应为同一传感器成像且成像时间差不超过 5min。

(2)监测范围内遥感影像的云覆盖率不应超过 5%。

(3)遥感影像的空间分辨率至少在 300m 以内，优先采用分辨率 100m 以内的影像。

(4)成像传感器在热红外谱段 8.0～12.5μm 范围内应至少有一个通道。

(5)可见光谱、近红外谱段至少应有红、绿、蓝或近红、红、绿通道。

6.2 辅助数据

6.2.1 与大气相关的辅助数据

(1)具备观测条件时，应有成像时刻的大气透过率、大气上行辐射和大气下行辐射数据。

(2)不具备观测条件时，可利用微波卫星、高（多）光谱卫星模拟和 MODTRAN、6S 大气模型模拟分析得到上述数据。

6.2.2 大气辅助数据质量要求

(1)观测数据站位应位于排水口 10km 范围内，观测数据绝对误差应小于3%。

(2)利用模拟再分析数据时，应利用温排水邻近海域的数据进行验证，绝对误差小于 5%。

(3)利用模型模拟时，应利用两种及以上模型进行交互验证，相对误差应小于 5%。

(4)数据选用的优先顺序为观测数据、卫星模拟数据、大气模型模拟数据。

6.2.3　水表比辐射率

1. 数据获取

(1)具备测量条件时，应采用直接测量法或间接测量法获取。

(2)不具备测量条件时，应利用遥感反演的方式获取。

2. 数据质量要求

(1)采用直接测量法或间接测量法时，测量时间与遥感影像成像时间差不应超过 5min。

(2)利用遥感反演等方式时，应利用两种及以上模型进行交互验证反演精度。

(3)利用遥感反演水表比辐射率时，应优先使用与反演海表温度来源相同的传感器。当传感器来源不一致时，遥感影像的成像时间差不应超过 5min。

(4)水表比辐射率的取值范围一般为 0.985～0.995。

7　遥感影像预处理

首先，需要对遥感影像进行空间裁剪和几何校正，初步获取覆盖目标区域的遥感影像。然后，对上述范围内的遥感影像进行辐射定标和大气校正，进而获取真实水表反射率，为水温的遥感反演提供基础数据。最后，利用水陆分离和云检测算法，获取目标海区的无云遥感影像。

7.1　空间裁剪和几何校正

7.1.1　空间裁剪

从预处理的遥感影像上裁剪出用于温度反演的区域，其裁剪范围应符合下列要求：

(1)裁剪范围应覆盖温排水监测预测区域；

(2)根据制图时表达周边标志性地理要素需求，可适当扩展裁剪范围。

7.1.2　几何校正

1. 校正点选取

选择原始遥感影像上的陆域道路交叉口、河流分叉拐弯处、桥梁、建筑物、电厂附近岸线拐点、养殖池围堤拐点、防波堤端点、码头前沿、海岛上明显地物点等为校正点。

对几何畸变较小的影像，校正点应不少于 15 个；对几何畸变程度较大的影像，校正点应不少于 30 个，应优先在影像边缘选择校正点；几何畸变程度相近的区域校正点要均匀分布。

2. 校正步骤

在影像上确定校正点后，求出这些校正点的地理坐标，然后利用校正软件得到校正参数，最后对影像进行校正。

3. 校正质量

校正后的遥感影像水平平均误差应小于 1 个像元。

7.2 辐射定标

7.2.1 计算公式

基于卫星数据头文件提供的信息，利用绝对定标系数将灰度值图像转换为表观辐亮度图像，计算公式为

$$L_{\text{sensor}} = \text{DN} \cdot \text{gain} + L_0 \tag{4.1}$$

式中，L_{sensor} 为表观辐亮度，$\text{W}/(\text{m}^2 \cdot \text{sr} \cdot \mu\text{m})$；DN 为灰度值，无量纲；gain 为绝对定标增益，$\text{W}/(\text{m}^2 \cdot \text{sr} \cdot \mu\text{m})$；$L_0$ 为绝对定标系数偏移量，$\text{W}/(\text{m}^2 \cdot \text{sr} \cdot \mu\text{m})$。

7.2.2 参数的取值范围和确定依据

参数 gain 和 L_0 依据卫星数据头文件存储数据确定；对尚未公布 gain 和 L_0 的传感器，可参照前人研究成果或有关机构验证过的经验数值。

7.3 大气校正

大气校正应根据可见光波段和热红外波段的特点分别进行校正。

7.3.1 可见光波段

1. 校正方法

(1)地面线性回归模型法。于成像时刻现场测量已选特定地物的地面反射光谱，然后提取遥感影像上特定地物的表观辐亮度，建立两者之间的线性回归方程式，计算影像全部像元的地表真实反射率。

(2)大气辐射传输模型法。在不具备现场同步测量条件时，可利用 MODTRAN

模型和 6S 模型获取图像的地表真实反射率。若采用未在温排水监测中使用的其他大气校正模型，应对模型评价后使用。

2. 校正质量要求

(1)地面线性回归模型法：现场光谱采样点数量不少于 20 个，其中水面光谱采样点不少于 10 个；光谱实测与影像成像时的时间差不应超过 30min。

(2)大气辐射传输模型法：应至少采用两种大气辐射传输模型对校正结果进行交叉验证，地表真实反射率的相对误差不大于 10%。

7.3.2　热红外波段

1. 校正方法

利用公式(4.2)计算海表辐亮度值 $B(T_s)$，即海表温度为 T_s(单位为 K)的黑体辐射：

$$B(T_s) = \frac{L_{sensor} - L_{up}}{\tau\varepsilon} - \frac{(1-\varepsilon)L_{down}}{\varepsilon} \tag{4.2}$$

式中，L_{sensor} 为表观辐亮度，$W/(m^2 \cdot sr \cdot \mu m)$，由卫星影像辐射定标后获得；$L_{up}$ 和 L_{down} 分别为大气上下行辐射，$W/(m^2 \cdot sr \cdot \mu m)$；$\tau$ 为大气透过率；ε 为水表比辐射率。

在热红外波段，可用通道中心波长处的比辐射率代替水表比辐射率。对于热红外波段范围较宽的传感器，L_{up}、L_{down}、τ 随波长变动较大，需考虑热红外通道响应特征，其有效值可利用通道响应函数卷积得到

$$i = \frac{\int i(\lambda)f(\lambda)d\lambda}{\int f(\lambda)d\lambda} \tag{4.3}$$

式中，i 分别代表 L_{up}、L_{down} 和 τ。

2. 校正参数获取

大气透过率(τ)、大气上行辐射(L_{up})和大气下行辐射(L_{down})三个基本参数可参照本部分 6.2.1 节的方式获取；水表比辐射率(ε)可参照本部分 6.2.3 节的方式获取。

7.4　水陆分离和云检测

实施水陆分离时，以影像成像时刻的水边线作为水陆分界线。利用区域增

长法和图像特征法等把陆地与潮间带出露部分从遥感影像中分离出来,仅保留水边线向海一侧的遥感影像。同时,为避免云和云阴影对温排水计算结果的影响,需要利用阈值法、机器学习法和深度学习法等提取云和云阴影。

7.4.1 水陆分离

1. 分离方法

(1)区域增长法:选取远离岸线的典型水体像元,将其作为种子点,然后用聚类分割等方法进行区域增长,以水边线为界,把水边线向陆侧的所有像元归为陆域像元,把水边线向海侧的所有像元归为海域像元,将影像分割为陆域和海域两个部分。岛陆陆域为水边线包围的全部像元。

(2)图像特征法:基于影像本身的色彩空间异质性、纹理和地物空间位置关系,利用 ENVI 等遥感图像处理软件对水域和陆地进行分离。

2. 质量要求

(1)对于空间分辨率高于 30m(含)的遥感影像,水陆分离准确率应不低于95%;对于空间分辨率低于 30m 的遥感影像,水陆分离准确率应不低于 90%。

(2)用于水陆分离与海表温度反演的遥感影像应为同一时间成像、同一种传感器来源。对于不同传感器来源的遥感影像,成像时间差不应超过 5min。

7.4.2 云与云阴影检测

1. 检测方法

(1)阈值法:若遥感影像为多光谱和高光谱影像时,可利用阈值法进行云检测。通过获取各个光谱段云和下垫面分类的初步阈值,得到潜在的云像素层,再利用统计学和形态学的方法,计算出云层和云阴影层,最后使用云匹配的方法提取云和云阴影的位置。

(2)机器学习法:若遥感影像波段数量较少或通过阈值法难以确定阈值范围时,可利用机器学习算法进行云检测。在云检测前应使用滤波、形态学变换、直方图均衡化等方法对遥感影像进行预处理,并提取图像的光谱、纹理或分形维数等信息,再使用人工神经网络、K-均值聚类、随机森林、支持向量机等算法提取云和云阴影的位置。

(3)深度学习法:在训练样本充足的情况下,可使用深度学习法对所有波段数量的遥感影像进行云检测。优先考虑使用卷积神经网络(convolutional neural network, CNN)、U-Net 卷积神经网络(U-Net convolutional neural network)和SegNet 神经网络(segmented neural network)等方法提取云和云阴影的位置。

2. 质量要求

(1)剔除海表大浪对云识别的影响。

(2)云和云阴影检测的最小识别单位为一个像元，且需要保证云和云阴影识别的细粒度。

(3)云和云阴影的检测与海表温度反演应使用同一时间成像、同一传感器来源的卫星遥感影像。

(4)对于高于 30m(含)空间分辨率的遥感影像，云和云阴影的检测准确率应不低于 95%；对于低于 30m 空间分辨率的遥感影像，云和云阴影的检测准确率应不低于 90%。

(5)云和云阴影检测后应删除对应区域的遥感影像。

8　海水表面温度计算

该部分主要包含海水表面温度计算的常用方法，以及各计算方法的具体计算过程，并给出了不同情景下温度计算方法的推荐顺序。

8.1　常用计算方法

对于单个热红外波段的传感器，海水表面温度的计算方法有辐射传输方程法、Qin 单窗算法、普适单窗算法等。对于有两个及以上热红外波段的传感器，计算方法有改进劈窗算法和 Qin 劈窗算法等。

8.1.1　辐射传输方程法

(1)利用 Planck 方程求解海水表面温度：

$$T_s = \frac{k_2}{\ln\left[1 + \dfrac{k_1}{B(T_s)}\right]} \tag{4.4}$$

式中，T_s 为海水表面温度，K；k_1 和 k_2 均为常量。

(2) $k_1 = c_1/\lambda^5$，$k_2 = c_2/\lambda$，其中 $c_1 = 1.19104 \times 10^8 \text{W} \cdot \mu\text{m}^4/(\text{m}^2 \cdot \text{sr})$，$c_2 = 14387.7\mu\text{m} \cdot \text{K}$，$\lambda$ 为有效波长。k_1 和 k_2 也可参照前人发表的研究成果或有关机构验证过的经验数值。

(3)该方法不适用于热红外通道波段范围较宽且官方尚未公布波谱响应函数的传感器。

8.1.2 Qin 单窗算法

(1)利用式(4.5)求解海表温度：

$$T_s = \{a(1-C-D) + [(b-1)(1-C-D)+1]T_{sensor} - DT_a\} / C \tag{4.5}$$

式中，a、b 均为回归系数，可参照前人发表的研究成果或有关机构验证过的经验数值；T_s 为海水表面温度，K；T_{sensor} 为有效的传感器温度（或亮温），K；T_a 为大气向上平均作用温度，K。

(2)C 和 D 的计算公式如下：

$$C = \tau \varepsilon \tag{4.6}$$

$$D = (1-\tau)[1+\tau(1-\varepsilon)] \tag{4.7}$$

式中，ε 为水表比辐射率，参见本部分 6.2.3 节获取；τ 为大气透过率，无量纲。

(3)T_{sensor} 的计算公式如下：

$$T_{sensor} = \frac{k_2}{\ln\left(1 + \dfrac{k_1}{L_{sensor}}\right)} \tag{4.8}$$

式中，L_{sensor} 为表观辐亮度，W/(m²·sr·μm)。

(4)T_a 的计算公式如下：

$$T_a = m + nT_0 \tag{4.9}$$

式中，m、n 是回归系数，m、n 的计算可参照前人论文发表的研究成果或有关机构验证过的经验数值；T_0 为水面平均大气温度，K。

T_a 与 T_0 的回归关系也可参照前人发表的研究成果或有关机构验证过的经验数值。

(5)τ 参照表 4.1 来估计。

表 4.1　大气透过率估计方程

水分含量 $\omega/(\text{g}/\text{cm}^2)$	大气剖面	大气透过率估计方程
0.0～0.4	冬季	$\tau=0.0098\omega^2-0.12\omega+0.9952$
0.4～1.6	夏季	$\tau=-0.08007\omega+0.974290$
	冬季	$\tau=-0.09611\omega+0.982007$

续表

水分含量 $\omega /(\mathrm{g/cm^2})$	大气剖面	大气透过率估计方程
1.6～3.0	夏季	$\tau=-0.11536\omega+1.031412$
	冬季	$\tau=-0.14142\omega+1.053710$
3.0～4.6	夏季	$\tau=-0.1297\omega+1.0718$
	冬季	$\tau=-0.1485\omega+1.0707$
4.6～6.0	夏季	$\tau=-0.1159\omega+1.0068$
	冬季	$\tau=-0.1176\omega+0.9271$

(6) 大气水分含量 ω 获取方法。

应优先采用实测大气水分含量数据。若无实测数据,可采用式(4.10)计算:

$$\omega = \omega(z)/R_\omega(z) \qquad (4.10)$$

式中,ω 为大气水分含量,$\mathrm{g/cm^2}$;$\omega(z)$ 为高空 z 处的大气水分含量,$\mathrm{g/cm^2}$;$R_\omega(z)$ 为高度 z 处的空气水分含量占大气水分总含量的比率,无量纲。

(7) 在缺乏详细大气剖面数据时,$R_\omega(z)$ 可用 MODTRAN 软件提供的标准大气廓线、低纬度标准大气廓线、中纬度夏季以及中纬度冬季标准大气廓线代替,再结合实地的纬度、季节和温度等选择出适合的大气模式。$\omega(z)$ 和 $R_\omega(z)$ 在本方法中分别取其近地面值 $\omega(0)$ 和 $R_\omega(0)$。上述四种标准大气廓线对应的 $R_\omega(0)$ 分别为 0.402058、0.425043、0.400124 和 0.438446,$\omega(0)$ 的计算公式为

$$\omega(0) = nM_\mathrm{r} \qquad (4.11)$$

式中,M_r 为水分子的相对分子质量,$M_\mathrm{r}=18$;n 为大气中总的水分子数,mol,n 的计算公式为

$$n = \frac{pV}{RT} \qquad (4.12)$$

式中,$R=8.31441\mathrm{J/(mol \cdot K)}$,为比例常数;$T$ 为距水面 2m 高度的空气温度,K;V 为空气体积,若近地面大气高度为 1km,则 $V=0.1\mathrm{m^3}$;p 为空气中水蒸气分压力,Pa,其计算公式为

$$p = \Psi P \qquad (4.13)$$

式中，Ψ 为近地面的相对湿度（relative humidity，RH），指空气中水汽压占饱和水汽压的百分比；P 为饱和水蒸气压力，Pa。P 值可根据摄氏温度 t 在表4.2中查到，$T=t+273.15$。

表4.2　t 与 P 对应值

$t/℃$	P/Pa	$t/℃$	P/Pa	$t/℃$	P/Pa	$t/℃$	P/Pa
−10	259.77	1	656.88	12	1402.20	23	2809.60
−9	283.80	2	705.73	13	1497.40	24	2984.20
−8	309.90	3	757.82	14	1598.20	25	3168.60
−7	338.05	4	813.25	15	1705.00	26	3361.90
−6	368.56	5	872.21	16	1817.90	27	3565.90
−5	401.62	6	934.99	17	1937.40	28	3780.80
−4	437.33	7	1001.70	18	2064.00	29	4006.40
−3	475.88	8	1072.50	19	2197.40	30	4244.80
−2	517.48	9	1147.80	20	2337.70	31	4494.00
−1	562.51	10	1227.60	21	2486.80	32	4756.90
0	610.97	11	1312.40	22	2643.80	33	5032.50

(8)注意事项和要求。

①大气透过率可利用表4.1的方式计算，也可利用本部分6.2.1节的方法进行，在两种方式均可进行计算时，优先选择本部分6.2.1节中的方法。

②大气水分含量可参照本部分8.1.2节的方法进行，也可通过气象预报或卫星遥感反演获取。

③水面平均大气温度 T_0 可在成像时刻实际测量获取，也可利用经过验证的大气温度。

8.1.3　普适单窗算法

(1)利用式(4.14)求解海表温度：

$$T_s = \gamma[\varepsilon^{-1}(\Psi_1 L_{sensor} + \Psi_2) + \Psi_3] + \delta \tag{4.14}$$

式中，ε 为水表比辐射率，可参见本部分6.2.3节获取；γ 和 δ 均为中间变量；Ψ_1、Ψ_2 和 Ψ_3 均为大气参数。

(2) γ 和 δ 的计算公式如下：

$$\delta = -\gamma L_{\text{sensor}} + T_{\text{sensor}} \tag{4.15}$$

$$\gamma = \left[\frac{c_2 L_{\text{sensor}}}{T_{\text{sensor}}^2} \left(\frac{\lambda^4}{c_1} L_{\text{sensor}} + \lambda^4 \right) \right]^{-1} \tag{4.16}$$

(3) 大气函数（Ψ_1、Ψ_2、Ψ_3）的计算公式如下：

$$\Psi_k = \eta_{k\lambda}\omega^3 + \xi_{k\lambda}\omega^2 + \chi_{k\lambda}\omega + \varphi_{k\lambda}, \qquad k = 1, 2, 3 \tag{4.17}$$

式中，ω 为大气水分含量，g/cm^2；$\eta_{k\lambda}$、$\xi_{k\lambda}$、$\chi_{k\lambda}$、$\varphi_{k\lambda}$ 都是与波长相关的谱函数，具体数值可以参照前人论文发表的研究成果或有关机构验证过的经验数值。

(4) 大气透过率可利用本节的方式计算，也可利用本部分 6.2.1 节的方法进行；大气水分含量可参照本部分 8.1.2 节的方法进行，也可通过气象预报或卫星遥感反演获取。

8.1.4　其他算法

1. Qin 劈窗算法

计算公式如下：

$$T_s = A_0 + A_1 T_{10} + A_2 T_{11} \tag{4.18}$$

式中，T_s 为海表温度，K；T_{10} 和 T_{11} 分别是 Landsat 8 和 Landsat 9 的第 10 波段和第 11 波段的亮度温度，K；A_0、A_1、A_2 均为中间变量，计算公式分别为

$$A_0 = [a_{10}D_{11}(1 - C_{10} - D_{11}) - a_{11}D_{10}(1 - C_{11} - D_{11})] / (D_{11}C_{10} - D_{10}C_{11}) \tag{4.19}$$

$$A_1 = 1 + [D_{10} + b_{10}D_{11}(1 - C_{10} - D_{10})] / (D_{11}C_{10} - D_{10}C_{11}) \tag{4.20}$$

$$A_2 = D_{10}[1 + b_{11}(1 - C_{11} - D_{11})] / (D_{11}C_{10} - D_{10}C_{11}) \tag{4.21}$$

其中，C_i、D_i 分别为（i=10, 11）波段 10 或波段 11 对应的中间变量，$C_i = \varepsilon_i \tau_i(\theta)$，$D_i = [1 - \tau_i(\theta)][1 + (1 - \varepsilon_i)\tau_i(\theta)]$，这里 ε_i 为波段 10（或波段 11）对应的水表比辐射率，参照本部分 6.2.3 节获取，$\tau_i(\theta)$ 为波段 10（或波段 11）传感器视角 θ 处的大气透过率，可由单窗算法中求取大气透过率方法获取。系数 a_{10}、b_{10}、a_{11}、b_{11} 可通过 Qin 单窗算法中求取参数 a、b 方法获取。

2. 改进劈窗算法

计算公式如下:

$$T_\mathrm{s} = b_0 + \left(b_1 + b_2 \frac{1-\varepsilon}{\varepsilon} + b_3 \frac{\Delta\varepsilon}{\varepsilon^2} \right) \frac{T_i + T_j}{2} + \left(b_4 + b_5 \frac{1-\varepsilon}{\varepsilon} + b_6 \frac{\Delta\varepsilon}{\varepsilon^2} \right) \frac{T_i - T_j}{2} + b_7(T_i - T_j)^2$$

(4.22)

式中，ε 和 $\Delta\varepsilon$ 分别为两个通道的发射率均值与差值，取决于地表分类与覆盖度；T_i 和 T_j 为两个通道的观测亮温，K；$b_i(i=0,1,\cdots,7)$ 为各项系数，其可通过实验室数据、大气参数数据以及大气辐射传输方程的模拟数据集换算得到。

8.2 算法推荐

(1) 对于仅利用一个热红外波段计算海水表面温度的传感器，可通过观测获得海面大气透过率、大气上行辐射和大气下行辐射三个基本参数时，计算方法推荐顺序依次为辐射传输方程法、普适单窗算法、Qin 单窗算法。

(2) 对于仅利用一个热红外波段计算海水表面温度的传感器，在不具备观测大气条件，但可利用微波卫星、高(多)光谱卫星、MODTRAN、6S 等大气模型模拟上述参数时，计算方法推荐顺序依次为辐射传输方程法、普适单窗算法、Qin 单窗算法。

(3) 对于仅利用一个热红外波段计算海水表面温度的传感器，在不具备观测大气条件，且难以利用微波卫星、高(多)光谱卫星、MODTRAN、6S 等大气模型模拟上述参数时，计算方法推荐顺序依次为 Qin 单窗算法、普适单窗算法、辐射传输方程法。

(4) 对于利用两个及以上热红外波段的传感器，计算方法推荐顺序依次为改进劈窗算法、Qin 劈窗算法。

(5) 在高水面平均大气温度(T_0)或高大气水分含量(ω)条件下，不建议使用普适单窗算法。

9 反演温度验证

为验证海水表面温度计算的误差，需要利用现场观测数据或航空遥感观测数据结合现场监测数据对卫星遥感影像计算的海表温度进行验证。本部分主要规范了现场观测验证和航空观测验证等基本要求、误差范围和验证原则。

9.1　现场观测数据验证

9.1.1　观测要求

采用走航和定点连续观测的方式，利用 CTD、XBT 和 XCTD 等方式获取 0~50cm 深度的海水温度，站位不少于 20 个，观测时间与卫星影像成像时的时间应在 30min 以内。

9.1.2　误差范围

现场观测数据与卫星反演结果平均绝对误差应小于±0.5℃。

9.2　航空遥感观测验证

9.2.1　观测要求

航空遥感观测范围应包括 4 条断面，应穿越 1℃以上温升区。

9.2.2　误差范围

航空遥感观测结果与卫星反演结果平均绝对误差应小于±0.5℃。

9.3　验证原则

一般情况下，现场观测数据验证应与航空遥感观测验证同时进行，当不具备同时验证的情形下，应优先考虑现场观测数据验证，其次考虑航空遥感观测验证。

10　成　果　分　析

10.1　背景温度提取

见第 2 部分第 6 章。

10.2　温升区获取

（1）温升场计算参见第 2 部分第 6 章。
（2）应准确计算 4.0℃、3.0℃、2.0℃、1.0℃、0.5℃的温升区面积，分析温

排水对敏感区影响范围。

10.3　专题图件绘制

见第 1 部分第 6 章。

第5部分　航空遥感监测

1　范　　围

本部分规定了滨海核电厂温排水航空遥感监测的技术内容、程序和方法。

该部分主要规范航空遥感中的有人机和无人机监测，飞艇和气球等其他飞行器可参照执行。

本部分适用于滨海核电厂温排水邻近水域水体温度遥感监测。

内陆滨河滨湖电厂及滨海火电厂温排水监测可参照执行。

2　规范性引用文件

GB/T 12763.2—2007　海洋调查规范 第 2 部分：海洋水文观测

GB/T 39612—2020　低空数字航摄与数据处理规范

GJB 6703—2009　无人机测控系统通用要求

DB37/T 4219—2020　海洋监视监测无人机应用技术规范

CH/Z 3001—2010　无人机航摄安全作业基本要求

CH/Z 3002—2010　无人机航摄系统技术要求

GDEILB 007—2014　无人机数字航空摄影测量与遥感外业技术规范

DZ/T 0203—2014　航空遥感摄影技术规程

3　术语和定义

(1)空间分辨率(spatial resolution)。

航空数字影像的基本单元。

(2)时间分辨率(temporal resolution)。

航空传感器能够重复获得同一地区影像的最短时间间隔。

(3)广角畸变校正(wide-angle distortion correction)。

对红外热像仪广角镜头拍摄视角大导致的影像畸变进行校正。

(4)几何校正(geometric correction)。

对航空影像的几何畸变进行校正。

(5)航线(unmanned aerial vehicle route)。

航空飞行器飞行的路线。

(6)基线距离(base-line distance)。

同一航向上两幅相邻影像中心点的平均距离。

(7)像控点(image control point)。

用于图像几何校正的实测控制点。

(8)同步观测(synchronous observation)。

在航空飞行器飞越温升混合区时,对温升区海表温度进行的现场观测。

4 一般规定

4.1 监测目的

(1)获取监测海域的海表温度。

(2)获取温排水导致的温升及其范围。

(3)验证其他方法反演或模拟的海表温度。

4.2 监测内容

(1)获取监测海域特定时刻的海表温度。实际监测时,根据需要可获取不同季节、不同潮型、不同典型潮时的海表温度。

(2)获取工程后温升区的位置、范围、面积。

4.3 质量控制

按第1部分第4章的要求执行。

4.4 工作成果

按第1部分第6章的要求执行。

4.5　资料和成果归档

按第 1 部分第 7 章的要求执行。

5　流　　程

温排水航空遥感监测包括现场勘查、像控点测量、影像校正、影像拼接、温度校正与验证、成果分析等过程，技术流程如图 5.1 所示。

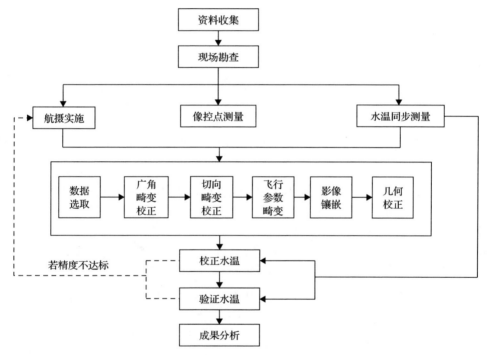

图 5.1　核电厂温排水航空遥感监测技术流程图

6　监 测 方 案

为能够对不同范围、不同情景下的温排水进行航空遥感监测，本部分规范了航空遥感监测平台选择、传感器成像系统、飞行质量与影像质量和监测计划等内容。

6.1 监测技术

6.1.1 航空遥感平台

(1)平台选择，根据目标任务可采用无人机或有人机。

(2)无人机应具备 5 级风力气象条件下安全飞行的能力，有人机应具备 8 级风力气象条件下安全飞行的能力。

6.1.2 红外传感器成像系统

(1)传感器测温范围为$-10\sim100℃$。

(2)传感器灵敏度应不大于 0.2℃。

(3)传感器测温误差不超过 0.5℃。

6.1.3 飞行质量与影像质量

1. 飞行姿态

(1)飞行姿态控制稳度：侧滚角误差小于±2°，俯仰角误差小于±2°，偏航角误差小于±6°。

(2)航迹控制精度：偏航距小于±20m，航高差小于±20m，直线航迹弯曲度小于±5°。有人机航迹弯曲度不大于 3%。

2. 航向重叠度

旋翼无人机航向重叠度不小于 60%。

固定翼无人机航向重叠度不小于 30%。

有人机航向重叠度不小于 60%。

3. 旁向重叠度

旋翼无人机旁向重叠度不应小于 30%。

固定翼无人机旁向重叠度不小于 20%。

有人机航向重叠度不小于 30%。

4. 飞行速度

旋翼无人机巡航速度一般不超过 36km/h,固定翼无人机巡航速度一般不超过 120km/h，最大不超过 150km/h，有人机飞行速度一般不超过 300km/h。

5. 飞行高度

旋翼无人机飞行的相对高度一般不超过 120m，固定翼无人机飞行的相对高度一般不超过 1500m，有人机飞行的相对高度一般不超过 2000m。

6. 影像倾角与旋角

(1)无人机影像倾角一般小于 5°，最大不超过 12°。有人机影像倾斜角一般不大于 2°，个别最大不超过 4°。

(2)无人机影像旋角一般不大于 15°。有人机影像旋偏角一般不大于 6°，最大不大于 8°，且不得连续 3 片。

6.2　监测计划与设计

6.2.1　作业区域范围

(1)监测目标海域的海表温度时，作业区域应覆盖目标海区。

(2)监测温排水导致的温升及其范围时，作业区域应覆盖 1℃ 以上温升范围。

(3)验证卫星遥感数据或模型模拟的海表温度时，作业区域内应至少有 4 条监测断面。

6.2.2　布设像控点

(1)像控点分布。像控点应尽量布设在两条航线的旁向重叠范围内，当旁向重叠过小、相邻航线相控点不能共用时，各航线应分别布点。

(2)像控点数量。对几何畸变程度较小的影像，像控点应不少于 4 个；对几何畸变程度较大的影像，像控点应达到 4 个以上，并应优先在影像边缘布设像控点。

(3)对于海面上无法布设像控点或应急监测时，可以进行免像控点的几何校正，但定位精度不应低于 5m。

6.2.3　海面分辨率确定

一般情况下，海面航摄热红外波段的成图没有比例尺要求，但海面最低分辨率应不低于 2m。当海面航摄成图有比例尺要求时，应根据不同比例尺确定海面分辨率，具体要求如下：

1. 海面分辨率的选择

海面分辨率采用基准面海面分辨率，其与测图比例尺的关系如表 5.1 所示。

表 5.1　航摄基准面海面分辨率

测图比例尺	海面分辨率/cm
1：500	≤5
1：1000	8～10
1：2000	15～20
1：5000	35～50
1：10000	80～100

2. 航摄高度的确定

航摄高度根据如下关系式确定：

$$H = f \cdot \mathrm{GSD}/a \tag{5.1}$$

式中，H 为相对航高，m；f 为摄影镜头的焦距，mm；GSD 为影像的海面分辨率，m；a 为像元尺寸的大小，mm。

6.2.4　监测季节和时间

(1)用于卫星遥感验证时，遥感影像与航空遥感测量对应区域的成像时间差应在 30min 以内。

(2)用于应急监测时，应与应急监测的时间要求一致。

(3)用于跟踪监测与后评估时，应选择典型季节、典型潮型、典型流态，并考虑核电不同运行模式。

6.2.5　航线分区与布设

(1)在监测温排水导致的温升程度及范围时，航线分区应对监测区域全覆盖。

(2)根据监测目标区域的形状，航线布设还应考虑航空飞行器的续航时间、风向等，一般垂直于岸线方向。

6.2.6　其他要求

(1)使用机场时，应按照机场相关规定飞行；不使用机场时，应根据飞行器的性能要求，选择起降场地和备用场地。

(2)航摄实施前应制订详细的飞行计划，且应针对可能出现的紧急情况制订应急预案。

(3)在保证飞行安全的前提下可实施云下摄影,风力应不大于 5 级。

7　热红外数据预处理

对航空热红外遥感来说,大气层影响较小,航空热红外遥感可不进行大气校正,但航空遥感的热红外图像会受到成像系统本身、航测设备飞行高度和角度的影响。因此,在几何校正前,要进行成像系统的广角、切向和飞行参数等畸变纠正。

7.1　畸变校正

7.1.1　校正方法

融合航空飞行器可见光波段的影像,利用融合后的影像对热红外影像进行校正,确定校正参数。校正时优先选择直线、折线等规则形状地物。

7.1.2　质量要求

经畸变校正后,热红外影像应无明显的系统畸变。

7.2　影像镶嵌

7.2.1　镶嵌方法

(1)选择航空影像正视数据。
(2)利用傅里叶变换等算法对航空飞行器位置信息进行校正。
(3)采用最佳缝合线等算法进行影像镶嵌。
(4)相邻影像镶嵌时,应以其中一幅数据为基准。
(5)水面波浪(纹)变化对影像镶嵌的影响可不考虑。

7.2.2　质量要求

(1)所用图像处理软件应具有影像镶嵌与数据导出功能,镶嵌后的影像应包含水表温度、投影、分辨率等信息。
(2)镶嵌影像应清晰并能反映出与地面分辨率相适应的细小温度变化,无明显模糊、重影和错位现象。
(3)镶嵌影像能直接应用地理信息、遥感等软件打开和使用。

7.3 几何校正

7.3.1 校正方法

利用遥感软件，根据像控点位置信息对航空遥感影像进行配准，解算转换矩阵，实现影像的几何校正。

7.3.2 质量要求

经几何校正的影像，平面误差不超过 1 个像元。

8 温度校正与验证

为验证航空遥感海水表面温度反演结果，需要开展现场观测，利用观测数据对反演结果进行验证。本部分主要规范了现场观测验证的验证原则、基本要求、误差范围。

8.1 观测数据

1. 站位要求

观测站位应布设在不同温升区；站位数量不少于 20 个，随机选取 70%左右数据用于确定校正参数，其余用于校正后温度的验证。

2. 观测方法

采用走航和定点连续观测的方式，利用 CTD、XBT 和 XCTD 等方式获取 0～50cm 深度的海水温度。观测时间与航空遥感影像成像时间的时间差应在 30min 以内。

8.2 温度校正

在获取水面同步实测温度和航空遥测温度数据后，利用最小二乘法拟合得到校正参数 a 和 b；然后根据式（5.2）对航空遥测温度数据进行校正：

$$T_x = a T_s + b \qquad (5.2)$$

式中，T_x 为校正后的航空遥测海水表面温度，℃；T_s 为校正前的航空遥测海水表面温度，℃。

8.3　温度验证

提取与水面实测站位对应的航空遥测校正后数据，将其与实测数据进行对比，平均绝对误差在 0.5℃ 以内。

9　成　果　分　析

9.1　背景温度提取

见第 2 部分第 6 章。

9.2　专题图件绘制

见第 1 部分第 6 章。

9.3　结果分析

(1)监测海域的海表温度。

分析监测海域的海表温度及其空间分布差异。

(2)温排水的温升及范围。

分析温排水温升区及其空间分布差异，统计不同温升的区域位置、面积和范围，给出其与敏感海域的空间叠置关系。

(3)其他反演或模拟方法的海表温度验证。

能够对卫星遥感反演、数值模拟和物理模拟的水表温度进行验证。

第 3 篇　预 测 技 术

第6部分 数值模拟通用技术

1 范　围

本部分规定了滨海核电温排水数值模拟的流程、模拟方法、参数选择、模型验证、成果分析等。本部分适用于常见的数值模型，自编数值模型可参照执行。

本部分适用于滨海核电厂温排水造成的海水热污染预测。

滨海火电厂热污染监测和内陆电厂温排水热污染监测可参照执行。

2 规范性引用文件

GB/T 19485—2014　海洋工程环境影响评价技术导则
GB/T 50102—2014　工业循环水冷却设计规范
GB 12327—2022　海道测量规范
GB/T 12763.10—2007　海洋调查规范 第 10 部分：海底地形地貌调查
GB/T 50663—2011　核电厂工程水文技术规范
国海发〔2010〕22 号　海域使用论证技术导则
JTS/T 231—2021　水运工程模拟试验技术规范
JTS 145—2015　港口与航道水文规范
SL 160—2012　冷却水工程水力、热力模拟技术规程
DL/T 5084—2012　电力工程水文技术规程
HJ 1037—2019　核动力厂取排水环境影响评价指南（试行）
NB/T 2010 6—2012　核电厂冷却水模拟技术规程
NB/T 20299—2014　核电厂温排水环境影响评价技术规范

3 术语和定义

（1）数值模拟（numerical simulation）。
通过数值计算求解研究对象控制方程，模拟其自然物理过程的方法。

(2)边界条件(boundary conditions)。

数值模拟区域边界处水动力、热力的输入和输出控制条件。

(3)初始条件(initial conditions)。

数值模拟开始时所采用的水位、水流、波浪、温度和盐度等起始状态。

(4)验证计算(validation calculation)。

数值模拟中为检验和校正模型与原型相似程度的计算。

4 一 般 规 定

4.1 数值模拟目的

(1)分析电厂建成前后附近水域内的潮流场特性,描绘环境流场的时空变化和由于取排水系统运行引起的水文影响,同时为物理模型提供开边界条件和率定分析资料。

(2)分析核电厂温排水在受纳水体中的扩散规律,并对包括水工设施等在内的水工构筑物对温排水的影响进行比选,预报温度场、温升场及变化。

(3)根据不同的取排水方案和各期工程建成情况,按照各个季节不同(冬季、夏季)的典型潮型,以及风、沿岸流等的影响,提供各期工程建成投运后,热回归影响下各典型潮型的取水温升过程线和取水温升特征值。

(4)分析温排水在排放水域内的平面和垂向分布规律及其随潮型的变化情况。给出各季节(冬季、夏季)、各期工程建成后、不同典型潮型下的全潮最大温升和平均温升 4℃、3℃、2℃、1℃的温升等值线图以及相应各温升等值线所包络的海域面积;并给出受纳水体的温度随时空的变化、最大温升和最高水温。给出不同潮型下全潮最大(平均)温升 4℃、3℃、2℃、1℃的温升等值线图的控制点坐标。

(5)分析评价温排水热水回归对取水温升的影响。

4.2 质量控制

按第 1 部分第 4 章的要求执行。

4.3 工作成果

按第 1 部分第 6 章的要求执行。

4.4　资料和成果归档

按第 1 部分第 7 章的要求执行。

5　流　　程

滨海核电温排水数值模拟流程包括资料收集、模型选择、模型构建、模型验证、计算工况设置、结果分析 6 个步骤。资料收集主要收集水下地形、海洋水文、水温、气象等资料；模型主要有 MIKE 模型、FVCOM 模型、DELFT-3D 模型；通过设置网格、地形制作、设置边界条件及驱动条件完成模型的构建；通过计算结果验证模型的可行性；根据不同情况设置温排水计算工况；计算不同工况下温排水的扩散，流程图如图 6.1 所示。

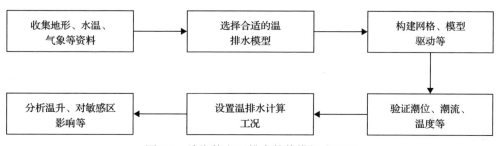

图 6.1　滨海核电温排水数值模拟流程图

6　资　料　收　集

6.1　水下地形

（1）海底地形地貌资料应涵盖第 1 部分第 4 章规定的监测预测范围。根据研究工程规模、研究问题性质等问题，制模测图比例一般采用 1：5000～1：25000；工程区测图比例宜采用 1：2000～1：10000。

（2）取排水工程附近水下地形图应为近 5 年内的测图。

（3）测图应换算成统一的基准面和坐标系。

6.2 海洋水动力

6.2.1 资料来源

水文资料应包括厂址附近或周边海洋观测站长期水文资料、现场观测的潮位历时过程和全潮同步水文测验资料。

6.2.2 资料要求

1. 时效性

(1)除长期历史统计数据外，数值模拟计算所使用的海洋水文、气象等实测资料时效性不超过 5 年。

(2)项目用海海域发生重大变化时，取变化后的数据。

2. 完整性

收集的资料应至少包括夏季、冬季全潮同步水文数据，水文测验要求在工程海域至少有 6 个测流点和 3 个潮位测点，连续观测资料包括工程海域有代表性潮型，如大潮、中潮、小潮及其连续半月潮的潮位、流速、流向。测流点布置应能够反映工程水域基本特征，在电厂取水口、排水口附近应至少各布设 1 个测站，对于半封闭海湾，则应在湾口海流入口两侧岸边各布设不少于 1 个测流点。

6.3 海水温度

(1)水温资料需要与水动力资料同步，应采用 5 年以内调查获取的资料。

(2)对于没有温排水排入的天然海域至少有 6 个水温测站资料，对于有温排水排入的海域，应至少有 20 个水温测站资料。

(3)应包括工程海域各季节海水温度平面分布、断面分布以及周日温度资料。

6.4 气象

(1)宜采用 5 年以内调查获取的资料。

(2)应包含风向、风速、气温、气压、湿度、热通量等要素。

6.5 其他

工程所在海域的海洋主体功能区划、海洋功能区划、海洋环境保护规划、各类生态敏感区等资料。

7　模　型　选　择

模型选择包括水动力模型选择、温度模型选择、计算参数选择、水气热交换模型选择。

7.1　水动力模型

按照水动力模拟的维度，水动力模型可以分为一维水动力模型、二维水动力模型以及三维水动力模型。一维水动力模型应用范围局限，不适应于滨海核电温排水的计算。

7.1.1　二维模型

二维模型只考虑海水的水平运动，不考虑海水的垂向运动。对深度上水平动量方程和连续方程积分，得到以下二维控制方程：

$$\frac{\partial h}{\partial t} + \frac{\partial h\bar{u}}{\partial x} + \frac{\partial h\bar{v}}{\partial y} = hS \tag{6.1}$$

$$
\begin{aligned}
\frac{\partial h\bar{u}}{\partial t} + \frac{\partial h\bar{u}^2}{\partial x} + \frac{\partial h\bar{v}\bar{u}}{\partial y} &= f\bar{v}h - gh\frac{\partial \eta}{\partial x} - \frac{h}{\rho_0}\frac{\partial P_a}{\partial x} - \frac{gh^2\partial\rho}{2\rho_0\partial x} + \frac{\tau_{sx}}{\rho_0} - \frac{\tau_{bx}}{\rho_0} \\
&\quad - \frac{1}{\rho_0}\left(\frac{\partial s_{xx}}{\partial x} + \frac{\partial s_{xy}}{\partial y}\right) + \frac{\partial}{\partial x}(hT_{xx}) + \frac{\partial}{\partial y}(hT_{xy}) + hu_sS
\end{aligned}
\tag{6.2}
$$

$$
\begin{aligned}
\frac{\partial h\bar{v}}{\partial t} + \frac{\partial h\bar{u}\bar{v}}{\partial x} + \frac{\partial h\bar{v}^2}{\partial y} &= -f\bar{u}h - gh\frac{\partial \eta}{\partial y} - \frac{h}{\rho_0}\frac{\partial P_a}{\partial y} - \frac{gh^2}{2\rho_0}\frac{\partial\rho}{\partial y} + \frac{\tau_{sy}}{\rho_0} - \frac{\tau_{by}}{\rho_0} \\
&\quad - \frac{1}{\rho_0}\left(\frac{\partial s_{yx}}{\partial x} + \frac{\partial s_{yy}}{\partial y}\right) + \frac{\partial}{\partial x}(hT_{xy}) + \frac{\partial}{\partial y}(hT_{yy}) + hv_sS
\end{aligned}
\tag{6.3}
$$

式中，$\bar{u}$ 和 $\bar{v}$ 为深度平均速度，由以下公式定义：

$$h\bar{u} = \int_{-d}^{\eta} u\,\mathrm{d}z, \quad h\bar{v} = \int_{-d}^{\eta} v\,\mathrm{d}z \tag{6.4}$$

侧向应力 T_{ij} 包括黏性摩擦、紊流摩擦和微分平流，利用基于深度平均速度梯度的涡流黏度公式对其进行估算：

$$T_{xx} = 2A\frac{\partial \overline{u}}{\partial x}$$

$$T_{xy} = A\left(\frac{\partial \overline{u}}{\partial y} + \frac{\partial \overline{v}}{\partial x}\right) \tag{6.5}$$

$$T_{yy} = 2A\frac{\partial \overline{v}}{\partial y}$$

式(6.1)～式(6.5)中，x、y 为笛卡儿坐标；η 为表面高程；h 为总水深，m，$h = \eta + d$，d 为静水深度；u、v 分别为 x、y 方向上的速度分量，m/s；f 为科氏力；g 为重力加速度；ρ 为海水密度；s_{xx}、s_{xy} 分别为作用在 x 轴平面上 x、y 向的辐射应力；s_{yx}、s_{yy} 分别为作用在 y 轴平面上 x、y 向的辐射应力；P_a 为大气压；ρ_0 为水密度；S 为点源排放量；u_s、v_s 为点源排入水体在 x、y 方向的速度分量；A 为水平涡黏系数；τ_{sx}、τ_{sy} 分别为风应力在 x、y 方向上的分量；τ_{bx}、τ_{by} 分别为底部摩阻力在 x、y 方向上的分量。

7.1.2 三维模型

三维模型考虑了海水在水平方向和垂直方向的运动，其模型控制方程如下：

$$\frac{\partial u}{\partial x} + \frac{\partial v}{\partial y} + \frac{\partial w}{\partial z} = S \tag{6.6}$$

$$\frac{\partial u}{\partial t} + \frac{\partial u^2}{\partial x} + \frac{\partial vu}{\partial y} + \frac{\partial wu}{\partial z} = fv - g\frac{\partial \eta}{\partial x} - \frac{1}{\rho_0}\frac{\partial P_a}{\partial x} - \frac{g}{\rho_0}\int_z^\eta \frac{\partial \rho}{\partial x}\mathrm{d}z$$
$$- \frac{1}{\rho_0 h}\left(\frac{\partial s_{xx}}{\partial x} + \frac{\partial s_{xy}}{\partial y}\right) + \frac{\partial}{\partial z}\left(v_t\frac{\partial u}{\partial z}\right) + F_u + u_s S \tag{6.7}$$

$$\frac{\partial v}{\partial t} + \frac{\partial v^2}{\partial y} + \frac{\partial vu}{\partial x} + \frac{\partial wv}{\partial z} = -fu - g\frac{\partial \eta}{\partial y} - \frac{1}{\rho_0}\frac{\partial P_a}{\partial y} - \frac{g}{\rho_0}\int_z^\eta \frac{\partial \rho}{\partial y}\mathrm{d}z$$
$$- \frac{1}{\rho_0 h}\left(\frac{\partial s_{yx}}{\partial x} + \frac{\partial s_{yy}}{\partial y}\right) + \frac{\partial}{\partial z}\left(v_t\frac{\partial v}{\partial z}\right) + F_v + v_s S \tag{6.8}$$

式(6.6)～式(6.8)中，x、y 和 z 为笛卡儿坐标；u、v、w 分别为 x、y、z 方向上的速度分量；s_{xx}、s_{xy} 分别为作用在 x 轴平面上 x、y 向的辐射应力；s_{yx}、s_{yy} 分别为作用在 y 轴平面上 x、y 向的辐射应力；v_t 为垂向涡黏系数。

水平应力项用梯度应力关系描述，关系式如下：

$$F_u = \frac{\partial}{\partial x}\left(2A\frac{\partial u}{\partial x}\right) + \frac{\partial}{\partial y}\left[A\left(\frac{\partial u}{\partial y} + \frac{\partial v}{\partial x}\right)\right]$$

$$F_v = \frac{\partial}{\partial x}\left[A\left(\frac{\partial u}{\partial y} + \frac{\partial v}{\partial x}\right)\right] + \frac{\partial}{\partial y}\left(2A\frac{\partial v}{\partial y}\right)$$

$$(6.9)$$

式中，A 为水平涡黏系数。

7.2　温度模型

温度模型包括二维温度模型和三维温度模型。三维温度模型基于输运扩散方程得到，二维温度模型是三维温度方程在深度上进行积分得到的。

7.2.1　二维模型

将温度在深度上的输运方程积分，得到以下二维输运方程：

$$\frac{\partial h\overline{T}}{\partial t} + \frac{\partial h\overline{u}\overline{T}}{\partial x} + \frac{\partial h\overline{v}\overline{T}}{\partial y} = hF_T + h\widehat{H} + hT_sS \tag{6.10}$$

$$F_T = \left[\frac{\partial}{\partial x}\left(D_h\frac{\partial}{\partial x}\right) + \frac{\partial}{\partial y}\left(D_h\frac{\partial}{\partial y}\right)\right]T \tag{6.11}$$

式中，x 和 y 为笛卡儿坐标；$\overline{T}$ 为深度平均温度；$\widehat{H}$ 为与大气热交换产生的源项；T_s 为点源排放的温度；F_T 为水平扩散项；D_h 为水平扩散系数。

7.2.2　三维模型

三维温度扩散方程：

$$\frac{\partial T}{\partial t} + \frac{\partial uT}{\partial x} + \frac{\partial vT}{\partial y} + \frac{\partial wT}{\partial z} = \frac{\partial}{\partial z}\left(D_v\frac{\partial T}{\partial z}\right) + F_T + \widehat{H} + T_sS \tag{6.12}$$

$$F_T = \left[\frac{\partial}{\partial x}\left(D_h\frac{\partial}{\partial x}\right) + \frac{\partial}{\partial y}\left(D_h\frac{\partial}{\partial y}\right)\right]T \tag{6.13}$$

式中，x、y 和 z 为笛卡儿坐标；u、v、w 分别为速度在 x、y、z 向上的分速度；T 为温度；D_v 为垂直紊动扩散系数。

7.3 水气热交换模型

根据基础资料收集情况选择热通量方法或水面综合散热系数方法计算水气热交换。当基础资料充分时，推荐使用热通量方法计算；当资料不充分时，可使用水面综合散热系数方法计算。

7.3.1 热通量

水体中热量可以通过热交换与大气相互作用，热交换会对温度产生影响，可以通过潜热通量、显热通量、长波净辐射、短波净辐射四个物理过程计算热交换量。具体计算方法见第 7 部分。

7.3.2 水面综合散热系数

水面综合散热系数是蒸发、对流和水面辐射三种水面散热系数的综合，指单位时间内水面温度变化 10℃时水体通过单位表面积散失热量的变化量，其计量单位通常以 W/(m²·℃)表示。在具体计算中一般取冬夏季最冷三个月（12 月至次年 2 月）和最热三个月（6 月至 8 月）的平均水温、平均气温和平均风速，第 7 部分给出了计算水面综合散热系数的常用方法。在水文资料、气象资料充足情况下，优先采用《工业循环水冷却水设计规范》（GB/T 50102—2014）中推荐的算法公式。

7.4 主要参数的计算和选择

在以上水动力模型、温度模型和水气热交换模型中，底摩阻力和扩散作用对温排水扩散影响显著，底摩阻力系数和扩散系数不同取值得到的温升区位置、范围和面积的计算结果差异很大。

7.4.1 底摩阻系数

用来衡量海底对水体流动阻碍作用大小的物理量。计算公式如下：

$$\frac{\vec{\tau}_b}{\rho_0} = c_f \vec{u}_b \left| \vec{u}_b \right| \tag{6.14}$$

式中，c_f 为底摩阻系数；$\vec{u}_b = (u_b, v_b)$ 为底部流速；$\vec{\tau}_b$ 为底部应力；ρ_0 为海水密度。

具体参数计算方法及取值范围见第 7 部分。

7.4.2　扩散系数

温排水扩散系数是流体中某一点的温度扰动传递到另一点的速率的量度。通过紊动普朗特数使其与涡黏系数联系起来形成封闭的计算模式，计算公式如下：

$$D = \frac{A_{\mathrm{D}}}{Pr_{\mathrm{T}}} \tag{6.15}$$

式中，D 为扩散系数；A_{D} 为涡黏系数；Pr_{T} 为紊动普朗特数。

第 7 部分详细介绍了扩散系数在模型中的计算方法。

7.5　模型选择

1. 模拟软件选择

(1)商业模型具有计算过程简便、结果可视化程度高、再现性强的优点，开源模型具有透明度高、可优化性强、计算速度快的优点。在选用开源模型时，应保证计算过程和结果的可重复性，应说明是否修改源程序及修改内容。

(2)商业模型中，MIKE 模型在工程实践中应用时间长、使用范围广、可视化程度高；Delt3D 模型便于用户二次开发、成本较低、操作系统兼容性强，可根据实际选用。

(3)自编模型具有自主知识产权，有利于我国温排水预测核心技术自主创新，应选择成熟可靠并在温排水预测实践中得到过成功应用的模型，在使用时应给出计算公式、模型参数。

2. 温度模型选择

海气热交换模型选用水面综合散热系数时，未能考虑显热、潜热、长波净辐射和短波净辐射等能量传递过程，会影响模拟结果的精度，因此推荐优先选用热通量模型。

3. 模型维度选择

(1)选址阶段模拟可选用平面二维数值模型。

(2)方案论证阶段取排水口位置比选可采用二维数值模型初选；推荐方案的温排水预测应选用三维数值模型，但对于充分混合的峡道、宽浅水域、取排水口远区的数值模拟可选用成熟的二维数学模型。

8　模　型　构　建

模型构建包括网格制作、地形数据处理和模型驱动三个方面。

8.1　模型网格

8.1.1　模型范围及网格尺度

1. 模型范围

(1)不同的计算模型可根据其任务要求等选取适当的模拟范围。一般情况下，数值模拟计算应选取足够大的模拟范围，要满足相应污染物(包括温排水)输运模拟研究工作要求，同时减少模型开边界水流、热量等对模拟区域流场、温度场等的影响。

(2)模型开边界宜采用全球潮汐模型提取潮位边界；对于三维模型，有时还需要基于再分析数据成果，进行垂向流速、水温变化的设置，模型范围应结合已有实测水位、水流(如国家长期水文站、潮汐测站等)等测站，以提高模型验证以及研究成果精度。

(3)模型固边界应为大潮高潮线，可通过现场调查或遥感监测获取。

(4)温排水数学模型的范围应能涵盖全潮最大 0.1℃温升包络线。

(5)应覆盖电厂附近的生态敏感目标。

2. 网格尺度

(1)模型网格尺度应满足计算精度的要求，反映水工构筑物等对其水力、热力特性变化的影响。在取排水口附近水域及岸线，模型计算网格尺度应足以反映其水力、热力输运特性，一般其水平方向最小网格尺度不应超过取排水口宽度的 1/3，且不宜超过 20m。

(2)对于正交网格或曲线正交网格，长宽比应为 1～2。

(3)对于三角形网格，应尽量调整网格为正三角形，网格角度范围保持在 30°～120°。

(4)通过调整时间步长间隔，使稳定系数 CFL 小于 1。

8.1.2　网格处理

(1)在地形、水流变化(梯度)大的区域网格适当加密；在工程区域网格要加密，保持一定的精度和分辨率。

(2)大范围水域三维数学模型计算工作量较大时，可以考虑采用二维、三维结合的嵌套模型，适当减少三维计算区域，在保证成果质量基础上提高计算效率。

8.2　地形数据处理

(1)根据拼接数据类型，进行数据预处理，包括水深基准面取值及计算、观测时间、潮型等信息。测图需换算成统一的基准面和坐标系，数学模型基准面宜采用平均海平面。

(2)推荐采用定点法、重复测线法、交叉测线法和相邻测区拼接的重叠区的重合点水深数据进行对比，对不符值进行系统误差及粗差检验，剔除系统误差和粗差后，其主检不符值限差为：水深小于 30m 时限差为 0.6m；水深大于 30m 时限差为水深的 2%。超限的点数不得超过参加比对总点数的 10%。

(3)将水深散点数据插值到前面建立的模型网格中。在数学建模中地形数据常用的插值方法有反距离加权插值法、克里金插值法、线性插值等，选用插值方法前应进行精度验证，选择误差最小的插值方法进行空间插值。

(4)测量的水深数据应符合《海洋调查规范　第 10 部分：海底地形地貌调查》(GB/T 12763.10—2007)相关规定，并由有资质的单位提供或引用正式出版的海图。

8.3　模型驱动

模型驱动包括初始场条件、边界驱动、风场驱动和液态物排放等。

8.3.1　初始场条件

1. 二维模型初始场

水位：

$$\zeta(x,y,t)|_{t=0} = \zeta_0(x,y) \tag{6.16}$$

流速：

$$u(x,y,t)|_{t=0} = u_0(x,y)$$
$$v(x,y,t)|_{t=0} = v_0(x,y) \tag{6.17}$$

温度：

$$T(x,y,t)|_{t=0} = T_0(x,y) \tag{6.18}$$

式(6.16)～式(6.18)中，ζ 为 xoy 坐标平面的水位，m；u、v 为流速矢量 $\vec{V}$ 沿 x、y 方向的分量，m/s；t 为时间，s；ζ_0、u_0、v_0 分别为 ζ、u、v 初始条件下的已知值。初始时刻全场温升为零。

2. 三维模型初始场

水位：

$$\zeta(x,y,t)|_{t=0} = \zeta_0(x,y) \tag{6.19}$$

流速：

$$\begin{aligned} u(x,y,z,t)|_{t=0} &= u_0(x,y,z) \\ v(x,y,z,t)|_{t=0} &= v_0(x,y,z) \\ w(x,y,z,t)|_{t=0} &= w_0(x,y,z) \end{aligned} \tag{6.20}$$

温度：

$$T(x,y,z,t)|_{t=0} = T_0(x,y,z) \tag{6.21}$$

式中，u、v、w 分别为流速矢量 $\vec{V}$ 沿 x、y、z 方向的分量，m/s；ζ_0、u_0、v_0、w_0 分别为 ζ、u、v、w 初始条件下的已知值。初始时刻全场温升为零。

8.3.2　模型边界条件

边界条件是指在求解区域边界上所求解的变量或其导数随时间和地点的变化规律，边界条件是控制方程有确定解的前提，边界条件的处理直接影响计算结果的精度。

1. 温度场、水位、流速等的边界条件

1）固边界的边界条件的确定方法

法向流速为零：

$$\vec{V} \cdot \vec{n} = 0 \tag{6.22}$$

固边界温度：

$$\frac{\partial T}{\partial n} = 0$$

式中，n 为固壁的法线方向。

2）开边界的边界条件的确定方法

潮流运动用已知潮位或分层流速过程控制：

（1）潮位：

$$\zeta(x,y,t)\big|_{t=0}=\zeta^*(x,y,t) \tag{6.23}$$

（2）流速：

二维：

$$u(x,y,t)\big|_{t=0}=u^*(x,y,t)$$
$$v(x,y,t)\big|_{t=0}=v^*(x,y,t) \tag{6.24}$$

三维：

$$u(x,y,z,t)\big|_{t=0}=u^*(x,y,z,t)$$
$$v(x,y,z,t)\big|_{t=0}=v^*(x,y,z,t) \tag{6.25}$$

（3）边界入流时温度：

二维：

$$T(x,y,t)\big|_{t=0}=T^*(x,y,t) \tag{6.26}$$

三维：

$$T(x,y,z,t)\big|_{t=0}=T^*(x,y,z,t) \tag{6.27}$$

（4）边界流出时温度：

$$\frac{\partial T}{\partial n}+u_n\frac{\partial T}{\partial \vec{n}}=0 \tag{6.28}$$

式（6.23）～式（6.28）中，ζ 为 xoy 坐标平面的水位，m；ζ^* 为 ζ 的已知值，m；u、v 分别为流速矢量 $\vec{V}$ 沿 x、y 方向的分量，m/s；u^*、v^* 分别为 u、v 的已知值，m/s；T 为环境水温；T^* 为 T 的已知值；t 为时间，s；u_n 为开边界法向流速；$\vec{n}$ 为开边界法向矢量。T^* 是入流时外海边界热回归温升过程，当选取范围足够大，开边界在温排水扩散范围外时，可认为入流温升为零。

2. 开边界数据来源

温度：可采用再分析数据，也可采用实测数据。

潮位：一般采用 TPXO 提供的全球海域调和常数或调和分析得到。对于嵌套模型，小区域的开边界可由大区域计算结果提供。

3. 边界条件处理

边界条件处理应与边界物理量实际变化情况协调一致，保证边界条件处理上的差异不会对计算结果产生明显影响。

8.3.3 风

(1)距离生态敏感区较近或取水口可能受热回归影响时，应考虑风对温排水扩散的影响。

(2)宜选实测风数据，在缺少实测数据情况下可采用再分析数据。

(3)在计算不利风况对温排水扩散影响时，宜采用不利风向的最大风速。

(4)数据使用前，应先检验数据的准确性，剔除奇异值。

8.3.4 径流

(1)径流数据应以收集水文站实测资料为主，若无，需补充现场观测。

(2)根据资料统计不同年份、季节的流量和温度。

8.3.5 热通量

(1)热通量应包括潜热通量(蒸发造成的热量损失)、显热通量(对流产生的热通量)、短波净辐射、长波净辐射。

(2)相关数据可通过实测或再分析数据获取，详细计算公式见第 7 部分，模型中取其夏、冬季节均值。

8.3.6 排放参数

(1)温排水流量及排水温度应采用电厂满功率运行时的数据，预测时采用设计数据，后评估时采用实测数据。

(2)模型计算中，排水口位置通过经度、纬度和垂向分层进行设置。

(3)模型中应考虑排水口的出流方向。

9 模 型 验 证

9.1 模型稳定时间

对于典型潮，如采用热启动法，模型不需稳定时间；如采用冷启动法，计算时间一般不少于 40 个典型潮(20 天)。对于半月潮，计算时间一般不少于 4 个半月潮(2 个月)。模型达到数值计算稳定前的计算数据不可用于成果分析。

9.2　验证顺序

一般而言，应按照潮位、流速、流向、温度的顺序依次验证。在监测预测范围内，若无温排水实际排放，可采用理论值或其他手段率定温度；有温排水实际排放，应采用实测值率定。

9.3　验证指标

验证资料站位的布置应能反映工程海域的基本水文特征，要求不少于 3 个测站连续一个月的潮位资料且不少于 9 个测站的大潮、中潮、小潮的全潮同步水动力测验资料，水温观测资料要求应不少于 20 个测站，具体站位布置参照"第 3 部分 5.1 节水温监测"部分。

(1)潮位：潮位验证时间相位差应在 ±0.5h 范围内，最高最低潮位允许偏差为 ±10cm。

(2)流速：憩流时间和最大流速出现的时间允许偏差为 ±0.5h，流速过程线的形态基本一致；测点涨、落潮段平均流速允许偏差为 ±10%。

(3)流向：往复流时测站主流流向允许偏差 ±10°，平均流向允许偏差为 ±10°；旋转流时测站流向允许偏差为 ±15°。

(4)温度：将无温排水工况的模拟温度数据与对应站位的实测数据进行比对，平均偏差应在 ±0.5℃以内。

10　计算工况和成果分析

10.1　计算工况

在方案论证和后评估阶段，均应分别计算夏季和冬季典型潮型(大潮、中潮、小潮)和半月潮型条件下典型时刻(涨急、落急、涨憩、落憩)的流场、温升场和不同温升面积，并计算不同温升包络面积。

在方案论证阶段，如有需要，可开展不同排放水层、不同排水口出水方向的计算工况。

当出现下列情况时，应增加计算工况：

（1）如果取排水工程对附近海域地形冲淤影响较大，应增加工程后地形冲淤达到平衡时的计算。

（2）如果工程附近有生态敏感区或取水口可能受热回归影响时，应增加不利风况的计算。

（3）如果工程附近有其他电厂排放温排水，应增加考虑温排水扩散叠加效应和取水口热回归效应的计算。

10.2 成果分析

10.2.1 背景温度提取

见第 2 部分第 7 章。

10.2.2 专题图件绘制

见第 1 部分第 6 章。

10.2.3 数据分析

根据工程各阶段要求，分别计算冬季、夏季代表性潮型（大潮、中潮、小潮）或代表性半月潮型温升面积。

当出现下列情况时，应增加数据分析内容：

（1）如果工程附近有生态敏感区或取水口可能受热回归影响时，应分析不利风况下一个潮周期的 4℃、3℃、2℃、1℃、0.5℃温升区范围、面积及其影响。

（2）对于风生流、沿岸流等余流及最不利条件影响较强的水域，应给出典型潮与代表性余流组合条件下的流场、温度场的分布以及全潮最大温度场分布，其中应该包括 4℃、3℃、2℃、1℃、0.5℃温升分布及其对应区域的面积，并分析不同工况下温排水对敏感区影响时间及敏感区域温升。

（3）如果 4℃温升包络线离岸较近，应分析 4℃温升抵达当地 0m 等深线和固边界的可能性及其影响时长。

第 7 部分　数值模拟关键参数取值

1　范　　围

本部分对常用数值模型 MIKE(2014 及以上版本)、FVCOM(4.3 及以上版本)、DELFT-3D(4.04.02 及以上版本)中影响温排水数值模拟计算的关键参数进行了规范,自编数值模型可参照执行。

本部分适用于滨海核电厂温排水造成的海水热污染预测。

滨海火电厂热污染预测和内陆电厂温排水热污染预测可参照执行。

2　规范性引用文件

GB/T 50663—2011　核电厂工程水文技术规范

JTS/T 231—2021　水运工程模拟试验技术规程

SL 160—2012　冷却水工程水力、热力模拟技术规程

SL/T 278—2020　水利水电工程水文计算规范

NB/T 20106—2012　核电厂冷却水模拟技术规程

3　术语和定义

(1)底摩阻系数(bed resistance)。

衡量海底对水体流动阻碍作用大小的物理量,在不同模型中具体表达形式和取值可不同。

(2)扩散系数(eddy diffusion coefficient)。

物质通量分量与浓度梯度分量的比例系数,包括水平扩散系数和垂向扩散系数,在不同模型中具体表达形式和取值可不同。

(3)涡黏系数(eddy viscosity)。

表征紊流中流体质点团紊动强弱的系数。Boussinesq 通过涡黏度将雷诺应

力和平均流场联系起来,用涡黏系数表示涡黏度强弱,因雷诺应力包括水平和垂直两个分量,涡黏系数也相应分为水平涡黏系数和垂向涡黏系数,具体数值用实验确定,其具体表达形式和取值可不同。

(4)水面综合散热系数(surface thermal diffusivity)。

表征水体与大气交界面热量交换强弱的综合系数。具体计算方法和公式有多种,本部分仅给出《冷却水工程水力、热力模拟技术规程》(SL 160—2012)中推荐的计算方法。

(5)潜热通量(latent heat flux)。

表征温度不变条件下大气与下垫面之间的热量交换强弱,单位为 W/m^2。

(6)显热通量(sensible heat flux)。

也叫作感热通量,表征温度变化引起的大气与下垫面之间的热量交换强弱,单位为 W/m^2。

(7)短波净辐射(net short-wave radiation)。

海表对太阳短波辐射的净吸收通量,单位 J/(s·m^2)。

(8)长波净辐射(net long-wave radiation)。

海表与大气间的长波辐射交换过程中,海表净收入的通量,单位 J/(s·m^2)。

4 MIKE 模型关键参数

MIKE 模型由丹麦水资源及水环境研究所(DHI)于 1970 年研发,此后不断改进,陆续推出了多种版本,目前在河流、湖泊、河口、海湾、沿海和外海的潮流、泥沙、风暴潮、温排水等数值模拟中广泛应用,本部分仅针对 2014 年及以上版本中的关键参数。

4.1 底摩阻计算公式

底摩阻是潮波能量耗散的主要因素,对潮波的振幅和相位分布有极其重要的影响,其强度用底摩阻系数表征,其数值大小在潮周期运动中随时间而变化。底摩阻系数计算公式基于边界层理论提出:

$$\frac{\vec{\tau}_b}{\rho_0} = c_f \vec{u}_b |\vec{u}_b| \tag{7.1}$$

式中,$\vec{\tau}_b$ 为底部应力;c_f 为底摩阻系数;$\vec{u}_b = (u_b, v_b)$ 在二维模型中是深度平

均流速，在三维模型中是底层流速；ρ_0 为水的密度。

在实际数值模拟中，有时将某一海域的底摩阻系数概化为一个常数，不同海域的常数取值，或者根据经验确定，或者经过反复调试计算得到。

4.1.1　二维模型

MIKE 二维模型计算底部应力时，$\vec{u}_b$ 是深度平均流速，底摩阻系数 c_f 可根据谢才系数 C 或曼宁系数 M 确定。

1. 谢才公式

$$c_f = \frac{g}{C^2} \tag{7.2}$$

式中，C 为谢才系数；g 为重力加速度，m/s^2。

2. 曼宁公式

$$c_f = \frac{g}{(Mh^{1/6})^2} \tag{7.3}$$

$$M = \frac{1}{n} \tag{7.4}$$

$$n = \frac{0.025}{(5.1-h)^{0.2}} + 0.08e^{h-5.1} \tag{7.5}$$

式 (7.3) ~ 式 (7.5) 中，h 为水深，m，取负值；n 为糙率。

糙率或曼宁系数的取值需考虑海底地形、植被、沉积物粒度组成等因素引起的糙率平面分布不同，宜由室内水槽试验和数值试验确定，缺乏试验资料时可参考表 7.1 计算、选取并验证。计算海域水深变化较大时，底摩阻系数宜采用曼宁公式计算。

表 7.1　不同底质曼宁系数取值参考表

岩性	泥质	砂泥质	砂质
曼宁系数/($m^{-1/3}/s$)	33~100	25~33	14~25

4.1.2　三维模型

MIKE 三维模型计算底部应力时，$\vec{u}_b$ 是指海床上方距离 z_b 处的速度，底摩阻系数 c_f 是通过假设海床和海床上方距离 z_b 处的点之间的对数剖面确定的：

$$c_{\mathrm{f}} = \frac{1}{\left[\dfrac{1}{\kappa}\ln\left(\dfrac{z_{\mathrm{b}}}{z_0}\right)\right]^2} \tag{7.6}$$

$$z_0 = mk_{\mathrm{s}} \tag{7.7}$$

其中，糙率 n 的计算公式同式(7.5)，曼宁系数与 k_{s} 的关系式如下：

$$M = \frac{25.4}{k_{\mathrm{s}}^{1/6}} \tag{7.8}$$

式(7.6)～式(7.8)中，k_{s} 为底部粗糙高度；z_0 为海床粗糙高度；m 为经验常数，$m=1/30$；M 为曼宁系数；κ 为卡门常数，取值为 0.4；z_{b} 为最下一层中心处的高度。

MIKE 模型中底部粗糙高度范围是 0.01～0.3m，默认值是 0.05m。沙波发育的河口、底沙颗粒较粗的砂质海岸糙率较大，曼宁系数宜在 14～35m$^{-1/3}$/s 范围内取值；淤泥质、粉砂质海床糙率较小，曼宁系数一般取值为 36～100m$^{-1/3}$/s。实际计算中，曼宁系数取值应根据实测流速率定结果确定。

4.2　水平涡黏系数

水平涡黏系数的计算公式基于水平湍流正应力和流场的关系构建，实际计算中可采用模型在线计算，特殊情况下可采用定常值。

4.2.1　模型在线计算

水平涡黏系数时空变化显著，一般应使用模型在线计算。其数值与流速的散度正相关，估算公式如下：

$$v_{\mathrm{h}} = c_{\mathrm{s}}^2 l^2 \sqrt{2\vec{S}_{ij} \cdot \vec{S}_{ij}} \tag{7.9}$$

式中，v_{h} 为水平涡黏系数；c_{s} 为 Smagorinsky 系数，取值范围为 0.25～1，默认值是 0.28；l 为特征长度；$\vec{S}_{ij}$ 为变形率，计算公式如下：

$$S_{ij} = \frac{1}{2}\left(\frac{\partial u_i}{\partial x_j} + \frac{\partial u_j}{\partial x_i}\right), \qquad i, j = 1, 2 \tag{7.10}$$

4.2.2　定常值

由于水平涡黏系数时空变化较大，一般不建议采用定常值。特殊情况下，如果水平涡黏系数时空变化较小，也可采用定常值。水平涡黏系数参考范围可根据水平扩散系数与其关系式计算得到，关系式见(7.11)。

4.3　水平扩散系数

在一个不流动的环境中，若某组分在空间各位置上的浓度不同，则该组分的分子可从浓度高的位置扩散到浓度低的位置，单位面积扩散速率与浓度梯度成正比，这个比例常数称为分子扩散系数，沿水平方向的分子扩散强度即水平扩散系数。

4.3.1　计算公式

水平扩散系数时空变化显著，一般应使用模型在线计算。实际计算时，一般采用标度涡流黏度公式，计算公式如下：

$$D_h = \frac{v_h}{Pr_T} \tag{7.11}$$

式中，D_h 为水平扩散系数；v_h 为水平涡黏系数(取值见本章 4.2 节)；Pr_T 为紊动普朗特数，宜在 0.7～1 内取值，默认值为 0.9。

4.3.2　定常值

由于水平扩散系数时空变化较大，一般不建议采用定常值。特殊情况下，如果水平扩散系数时空变化较小，也可采用定常值，常见的水平扩散系数计算公式如下：

(1)根据分流速、总水深估算水平扩散系数：

$$D_h = \alpha \kappa (u^2 + v^2)^{1/2} D \tag{7.12}$$

式中，$\alpha = 5.93$；κ 为卡门常数，取值为 0.4；u、v 分别为 x、y 向的分速度；D 为总水深。

根据公式(7.11)计算，中国近岸海域水平扩散系数一般为 0～45m²/s。具体数值可参考图 7.1。

(2)对河道而言，水平扩散系数除与流速、水深有关外，还与河道宽度有关：

$$D_\mathrm{h} = 0.011 \frac{V^2 W^2}{hv} \tag{7.13}$$

式中，V 为平均流速；W 为河道宽度；h 为水深；v 为流速。

4.4 垂向涡黏系数

垂向涡黏系数的计算公式基于垂向湍流正应力和流场的关系构建，实际计算中可采用模型在线计算，特殊情况下可采用定常值。

4.4.1 模型在线计算

垂向涡黏系数时空变化显著，一般应使用模型在线计算。模型中有两种垂向涡黏系数计算公式，分别为对数定律公式和 k-ε 紊动模型。

1. 对数定律公式

根据对数定律推导的垂向涡黏公式如下：

$$v_\mathrm{v} = U_\tau h \left[c_1 \frac{z+d}{h} + c_2 \left(\frac{z+d}{h} \right)^2 \right]$$

$$U_\tau = \max(U_{\tau s}, U_{\tau b}) \tag{7.14}$$

式中，v_v 为垂向涡黏系数；$U_{\tau s}$、$U_{\tau b}$ 分别为表面风阻流速和摩阻流速；c_1、c_2 均为常数（c_1=0.41，c_2=0.41）；h 为水深；d 为静水深度。

2. k-ε 紊动模型

根据 k-ε 公式推导的垂向涡黏公式如下：

$$v_\mathrm{v} = c_\mu \frac{k^2}{\varepsilon} \tag{7.15}$$

式中，k 为单位质量的紊动动能；ε 为紊动动能的耗散率；c_μ 为经验常数。

其中，紊动动能 k 和紊动动能耗散率 ε 可由下列方程求解：

$$\frac{\partial k}{\partial t} + \frac{\partial uk}{\partial x} + \frac{\partial vk}{\partial y} + \frac{\partial wk}{\partial z} = F_k + \frac{\partial}{\partial z}\left(\frac{v_\mathrm{v}}{\sigma_k} \frac{\partial k}{\partial z} \right) + P + B - \varepsilon$$

$$\frac{\partial \varepsilon}{\partial t} + \frac{\partial u\varepsilon}{\partial x} + \frac{\partial v\varepsilon}{\partial y} + \frac{\partial w\varepsilon}{\partial z} = F_\varepsilon + \frac{\partial}{\partial z}\left(\frac{v_\mathrm{v}}{\sigma_\varepsilon} \frac{\partial \varepsilon}{\partial z} \right) + \frac{\varepsilon}{k}(c_{1\varepsilon}P + c_{3\varepsilon}B - c_{2\varepsilon}\varepsilon) \tag{7.16}$$

式中，F_k、F_ε 分别为紊动动能和紊动动能耗散率的水平扩散项；σ_k、σ_ε、$c_{1\varepsilon}$、$c_{2\varepsilon}$ 和 $c_{3\varepsilon}$ 均为经验常数（表 7.2）；剪切应力 P 和浮升力 B 通过以下公式求得

$$P = \frac{\tau_{xz}}{\rho_0}\frac{\partial u}{\partial z} + \frac{\tau_{yz}}{\rho_0}\frac{\partial v}{\partial z} \approx v_v\left[\left(\frac{\partial u}{\partial z}\right)^2 + \left(\frac{\partial v}{\partial z}\right)^2\right]$$

$$B = -\frac{v_v}{Pr_T}N^2 \tag{7.17}$$

$$N^2 = -\frac{g}{\rho_0}\frac{\partial \rho}{\partial z}$$

其中，Pr_T 为普朗特数。

另外，F_k、F_ε 为水平扩散项，计算式如下：

$$(F_k, F_\varepsilon) = \left[\frac{\partial}{\partial x}\left(D_h\frac{\partial}{\partial x}\right) + \frac{\partial}{\partial y}\left(D_h\frac{\partial}{\partial y}\right)\right](k, \varepsilon) \tag{7.18}$$

表 7.2　*k-ε* 紊流模型的经验常数

c_μ	$c_{1\varepsilon}$	$c_{2\varepsilon}$	$c_{3\varepsilon}$	Pr_T	σ_k	σ_ε
0.09	1.44	1.92	0	0.9	1.0	1.3

其中，海表和海底紊动动能及其耗散率不同。海表紊动动能 k 及其耗散率 ε 受风应力影响，公式如下：

$$k = \frac{1}{\sqrt{c_\mu}}U_{\tau s}^2 \tag{7.19}$$

$$\begin{cases} \varepsilon = \dfrac{U_{\tau s}^3}{\kappa \Delta z_s}, & U_{\tau s} > 0 \\[3mm] \varepsilon = \dfrac{(k\sqrt{c_\mu})^{3/2}}{a\kappa h}, & \dfrac{\partial k}{\partial z} = 0,\ U_{\tau s} = 0 \end{cases} \tag{7.20}$$

式中，κ 为卡门常数，取值为 0.4；a 为经验常数，取值为 0.07；Δz_s 为距离施加边界条件的表面的距离。

海底紊动动能及其耗散率受底摩阻力影响，公式如下：

$$k = \frac{1}{\sqrt{c_\mu}} U_{\tau b}^2 \tag{7.21}$$

$$\varepsilon = \frac{U_{\tau b}^3}{\kappa \Delta z_b} \tag{7.22}$$

式中，Δz_b 为距离施加边界条件的底部的距离；$U_{\tau b}$ 为摩阻流速；κ 为卡门系数，取值为 0.4。

4.4.2 定常值

垂向紊动黏性系数宜采用实验或经验公式确定，其取值与流速、水深相关，不同水层、不同季节下取值存在差异，其取值可根据垂向扩散系数与垂向涡黏系数关系式计算得到。

4.5 垂向扩散系数

在一个不流动的环境中，若某组分在空间各位置上的浓度不同，则该组分的分子可从浓度高的位置扩散到浓度低的位置，单位面积扩散速率与浓度梯度成正比，这个比例常数称为分子扩散系数，沿垂直方向的分子扩散强度即垂向扩散系数。

4.5.1 模型在线计算

垂向扩散系数时空变化显著，一般应使用模型在线计算。实际计算时，采用标度涡黏公式计算垂向扩散系数，计算公式如下：

$$D_v = \frac{v_v}{Pr_T} \tag{7.23}$$

式中，D_v 为垂向扩散系数，D_v 宜在 0.7～1.0 内取值，推荐默认值为 0.9；v_v 为垂向涡黏系数（取值见本部分 4.4 节）。

4.5.2 定常值

由于垂向扩散系数时空变化较大，一般不建议采用定常值。特殊情况下，如果垂向扩散系数时空变化较小，也可采用定常值，其数值与摩阻流速、水深正相关，估算公式如下：

$$D_{\mathrm{v}} = 0.067 h U_{\tau \mathrm{b}} \tag{7.24}$$

式中，D_{v} 为垂向扩散系数。

D_{v} 取值范围为 $10^{-6} \sim 0.4 \mathrm{m}^2/\mathrm{s}$，计算时可根据计算海域的摩阻流速和水深确定具体数值。

4.6 热通量

热通量包括短波净辐射、长波净辐射、潜热通量和显热通量。计算时应优先采用实测数据，缺少实测数据时可采用再分析数据。

4.6.1 短波净辐射

短波净辐射计算公式如下：

$$\begin{aligned}
q_{\mathrm{s}} &= \frac{H}{H_0} q_0 (a_3 + b_3 \cos \omega_{\mathrm{i}}) \\
\frac{H}{H_0} &= a_2 + b_2 \frac{\bar{n}}{\bar{N}_{\mathrm{d}}} \\
a_2 &= 0.1 + 0.24 \frac{\bar{n}}{\bar{N}_{\mathrm{d}}} \\
b_2 &= 0.38 + 0.08 \frac{\bar{n}}{\bar{N}_{\mathrm{d}}} \\
a_3 &= 0.4090 + 0.5016 \sin\left(\omega_{\mathrm{sr}} - \frac{\pi}{3}\right) \\
b_3 &= 0.6609 + 0.4767 \sin\left(\omega_{\mathrm{sr}} - \frac{\pi}{3}\right) \\
q_{\mathrm{sr,net}} &= (1 - \alpha) q_{\mathrm{s}}
\end{aligned} \tag{7.25}$$

式中，q_{s} 为短波辐射；$q_{\mathrm{sr,net}}$ 为短波净辐射；$\frac{H}{H_0}$ 为一天内经过云层反射后的辐射强度与地球外的短波辐射强度比值；q_0 为地球外的短波辐射强度；ω_{i} 为时间角度；$\bar{n}$ 为光照的年平均值；$\bar{N}_{\mathrm{d}}$ 为日长平均值；α 为反射率；ω_{sr} 为日出角。

4.6.2 长波净辐射

长波净辐射计算公式如下：

$$q_{\mathrm{lr,net}} = \sigma_{\mathrm{sb}} T_{\mathrm{air}}{}^4 \left(a - b\sqrt{e_{\mathrm{d}}}\right)\left(c + d\frac{n}{n_{\mathrm{d}}}\right) \tag{7.26}$$

式中，σ_{sb} 为斯特藩-玻尔兹曼常数，取值为 $5.67\times10^{-8}\mathrm{W/(m^2 \cdot K^4)}$；$T_{\mathrm{air}}$ 为海表空气温度，℃；a、b、c、d 均为常数，取值分别为 0.56、0.077、0.10、0.90；e_{d} 为空气露点温度，℃；$\dfrac{n}{n_{\mathrm{d}}}$ 为每天日照时数与一年中最大每天日照时数的比值。

4.6.3　潜热通量

潜热通量计算公式如下：

$$q_{\mathrm{v}} = LC_{\mathrm{e}}(a_1 + b_1 W_{2\mathrm{m}})(Q_{\mathrm{water}} - Q_{\mathrm{air}}) \tag{7.27}$$

式中，L 为蒸发潜热，取值为 $2.5\times10^6\mathrm{J/kg}$；$C_{\mathrm{e}}$ 为湿度系数，取值为 1.32×10^{-3}；a_1 为蒸发热量损失的程度，取值为 0.5；b_1 为风速对蒸发热量损失的程度，取值为 0.9；$W_{2\mathrm{m}}$ 为水面上 2m 处的风速，m/s；Q_{water} 为水面水汽密度，$\mathrm{kg/m^3}$；Q_{air} 为空气中的水蒸气密度，$\mathrm{kg/m^3}$。

4.6.4　显热通量

显热通量计算公式如下：

$$q_{\mathrm{c}} = \begin{cases} \rho_{\mathrm{air}} C_{\mathrm{air}} C_{\mathrm{heating}} W_{10\mathrm{m}}(T_{\mathrm{air}} - T_{\mathrm{water}}), & T_{\mathrm{air}} \geqslant T_{\mathrm{water}} \\ \rho_{\mathrm{air}} C_{\mathrm{air}} C_{\mathrm{cooling}} W_{10\mathrm{m}}(T_{\mathrm{air}} - T_{\mathrm{water}}), & T_{\mathrm{air}} < T_{\mathrm{water}} \end{cases} \tag{7.28}$$

式中，ρ_{air} 为空气密度，取值为 $1.225\mathrm{kg/m^3}$；C_{air} 为空气比热容，取值为 $1007\mathrm{J/(kg\cdot K)}$；$C_{\mathrm{heating}}$ 和 C_{cooling} 分别为增温和降温传热系数(斯坦顿数)，默认值均是 0.0011；$W_{10\mathrm{m}}$ 为海表 10m 处的风速；T_{air} 为海表空气温度；T_{water} 为海表水温。

4.7　水面综合散热系数

水面综合散热系数是蒸发、对流和水面辐射三种水面散热系数的综合，指单位时间内水面温度变化 10℃ 时水体通过单位表面积散失热量的变化量，其计量单位通常以 $\mathrm{W/(m^2 \cdot ℃)}$ 表示。在具体计算中一般取冬夏季最冷三个月和最热三个月的平均水温、平均气温和平均风速。在水文、气象资料充足情况下，优先采用《工业循环水冷却水设计规范》(GB/T 50102—2014)中推荐的算法公式：

$$K_s = \left(\frac{\partial e_s}{\partial T_s} + b\right)\alpha + 4\varepsilon\sigma(T_s + 273)^3 + (1/\alpha)(b\Delta T + \Delta e)$$

$$\alpha = (22.0 + 12.5V_w^2 + 2.0\Delta T)^{1/2} \tag{7.29}$$

$$\Delta T = T_s - T_a$$

$$\Delta e = e_s - e_a$$

式中，K_s 为水面综合散热系数；T_s 为表面水温，℃；T_a 为水面以上 1.5m 处的气温，℃；Δe 为海表饱和水汽压；e_s 为水温 T_s 时的相应水面饱和水汽压，hPa；e_a 为水温 T_a 时的相应水面饱和水汽压，hPa；b 为常数，取值为 0.627hPa/℃；ε 为水面辐射系数，取值为 0.97；σ 为斯特藩-玻尔兹曼常数，取值为 5.67×10^{-8} W/(m^2·℃^{4})；α 为水面蒸发系数，W/(m^2·hPa)；V_w 为水面以上 1.5m 处的风速，m/s。

　　该公式中涉及的水面气温、水面辐射系数等优先采用实测资料。其中，海表饱和水汽压 Δe 通常采用以下三种公式计算：

　　1. Emanuel 公式

$$\ln\Delta e = 53.67957 - \frac{6743.769}{T} - 4.8451\ln T \tag{7.30}$$

式中，Δe 的单位是 hPa；T 的单位是 K，与摄氏度 t(℃)的关系式为

$$T = 273.15 + t$$

　　2. Tetens 公式
　　水面：

$$\Delta e = 6.11 \times 10^{7.5t/237.3+t} \tag{7.31}$$

　　冰面：

$$\Delta e = 6.11 \times 10^{9.5t/265.5+t} \tag{7.32}$$

　　3. 修正的 Tetens 公式

$$\Delta e = 6.112\exp\left(\frac{17.67t}{t + 243.5}\right) \tag{7.33}$$

　　以上三种公式计算结果见图 7.1，结果表明三种公式计算结果差距较小，可根据实际情况选用。

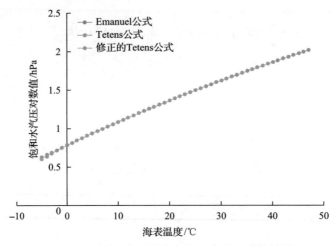

图 7.1　不同公式下的海表饱和水汽压计算结果

4.8　其他

（1）MIKE 模型中的温盐模块和生态模块均可用于温排水计算。其中，温盐模块采用热通量方法计算海气热交换，生态模块采用水面综合散热系数方法计算海气热交换。二者虽然均采用三维模型，但生态模块在垂向扩散中采用均一化处理方式，造成温排水垂线分层并不显著，因此在温排水实际计算中推荐采用温盐模块。

（2）由于扩散系数时空变化显著，应优先选用模型在线计算方式，一般不宜采用定常值。特殊情况下，若采用定常值，应给出说明。

5　FVCOM 关键参数

有限体积海岸海洋模型（finite-volume coastal ocean model，FVCOM）由陈长胜领导的马萨诸塞州达特茅斯大学海洋生态动力学模型实验室与伍兹霍尔海洋学协会的 Robert C. Beardsley 合作开发，是三维自由网格、自由表面、原始方程、有限体积的海岸、大洋数值模型，主要包括水质模块、生态模块、泥沙输运模块、流场-波浪-泥沙耦合模块等。模型结合了有限元法和有限差分法的优点，适合模拟浅海复杂水动力环境。

5.1　底摩阻系数

底摩阻是潮波能量耗散的主要因素，对潮波的振幅和相位分布有极其重要的影响，其强度用底摩阻系数表征，其数值大小在潮周期运动中随时间而变化。底摩阻计算公式如下：

$$(\tau_{bx}, \tau_{by}) = c_f \sqrt{u^2 + v^2}\,(u, v)$$
$$c_f = \max\{\kappa^2 / \ln(z_{ab} / z_0)^2, 0.0025\}$$

(7.34)

式中，τ_{bx}、τ_{by} 为底切应力；c_f 为底摩阻系数；z_{ab} 为最底层 σ 层与海底之间的距离，m；κ 为卡门常数，取值为 0.4；z_0 为底部粗糙高度，m，我国海域取值为 0～0.06m。

在实际数值模拟中，有时将某一海域的底摩阻系数概化为一个常数，不同海域的常数取值或者根据经验确定，或者经过反复调试计算得到。

5.2　水平涡黏系数

水平涡黏系数的计算公式基于水平湍流正应力和流场的关系构建，实际计算中可采用模型在线计算，特殊情况下可采用定常值。

5.2.1　模型在线计算

水平涡黏系数计算公式如下：

$$v_h = \frac{0.5 C_m \Omega^t}{Pr} \sqrt{\left(\frac{\partial u}{\partial x}\right)^2 + 0.5\left(\frac{\partial v}{\partial x} + \frac{\partial u}{\partial y}\right)^2 + \left(\frac{\partial v}{\partial y}\right)^2}$$

(7.35)

式中，C_m 为摩阻力系数，是一恒定常数；Ω^t 为示踪控制单元的面积，m²，其中上角 t 表示不规则三角形网格的节点；Pr 为紊动普朗特数；u、v 分别为 x、y 方向上的速度分量，m/s。

5.2.2　定常值

定常值参考范围见 MIKE 部分。

5.3　水平扩散系数

在一个不流动的环境中，若某组分在空间各位置上的浓度不同，则该组分的分子可从浓度高的位置扩散到浓度低的位置，单位面积扩散速率与浓度梯度成正比，这个比例常数称为分子扩散系数，沿水平方向的分子扩散强度即水平扩散系数。

5.3.1　计算公式

水平扩散系数采用 Smagorinsky 公式进行计算：

$$D_{\mathrm{m}} = 0.5C_{\mathrm{m}}\Omega^{\mathrm{m}}\sqrt{\left(\frac{\partial u}{\partial x}\right)^2 + 0.5\left(\frac{\partial v}{\partial x} + \frac{\partial u}{\partial y}\right)^2 + \left(\frac{\partial v}{\partial y}\right)^2} \tag{7.36}$$

式中，D_{m} 为水平扩散系数；Ω^{m} 为动量控制单元的面积，上角 m 表示不规则网格的质心；u、v 分别为 x、y 方向上的速度分量；C_{m} 为摩阻力系数，模型取值为 0～0.2，在模型中默认取 0.2。

5.3.2　定常值

定常值参考范围见 MIKE 部分。

5.4　垂向涡黏系数

垂向涡黏系数的计算公式基于垂向湍流正应力和流场的关系构建，实际计算中可采用模型在线计算，特殊情况下可采用定常值。

5.4.1　模型在线计算

模型中有两种垂向涡黏系数计算公式，分别为 MY-2.5 湍流模型和 UMOL 指定，温排水计算中推荐采用前者。

1. MY-2.5 湍流模型计算公式

$$v_{\mathrm{v}} = lqS_{\mathrm{m}}$$
$$S_{\mathrm{m}} = \frac{0.4275 - 3.354G_{\mathrm{h}}}{(1 - 34.676G_{\mathrm{h}})(1 - 6.127G_{\mathrm{h}})} \tag{7.37}$$
$$G_{\mathrm{h}} = \frac{l^2 g}{q^2 \rho_0}\frac{\partial \rho}{\partial z}$$

式中，v_{v} 为垂向涡黏系数，m^2/s；S_{m} 为稳定函数；G_{h} 为稳定函数，使 S_{m} 仅依赖于 G_{h}；l 为紊动特征长度，m；q^2 为紊动动能；g 为重力加速度，m/s^2；ρ_0 为参考密度，kg/m^3；ρ 为海水密度，kg/m^3。

2. UMOL 指定计算公式

$$v_{\mathrm{v}} \approx v_{\mathrm{v}} + \mathrm{UMOL} \tag{7.38}$$

式中，v_{v} 为垂向涡黏系数，m^2/s；UMOL 为垂向背景紊动系数，m^2/s，取值为

$10^{-5} \sim 10^{-3} \text{m}^2/\text{s}$。

5.4.2　定常值

参考结果见 MIKE 部分。

5.5　垂向扩散系数

在一个不流动的环境中，若某组分在空间各位置上的浓度不同，则该组分的分子可从浓度高的位置扩散到浓度低的位置，单位面积扩散速率与浓度梯度成正比，这个比例常数称为分子扩散系数，沿垂直方向的分子扩散强度即垂向扩散系数。

5.5.1　模型在线计算

垂向扩散系数计算公式如下：

$$D_q = \frac{v_v}{Pr} \tag{7.39}$$

式中，D_q 为垂向扩散系数，m^2/s；Pr 为紊动普朗特数，默认是 1.0；v_v 为垂向涡黏系数，m^2/s。

5.5.2　定常值

定常值参考范围见 MIKE 部分。

5.6　热通量

FVCOM 在温排水扩散计算时，其热通量 Q_n 计算公式如下：

$$Q_n = -Q_b \pm Q_S \pm Q_E \tag{7.40}$$

式中，Q_b 为海水表面长波有效回辐射；Q_S 为显热通量；Q_E 为潜热通量。

有效回辐射 Q_b、显热通量 Q_S、潜热通量 Q_E 计算方法如下：

$$Q_b = F \sigma T_w^4 \tag{7.41}$$

$$Q_S = -\rho C_P C_H U(T - T_S) \tag{7.42}$$

$$Q_E = -\rho L_E C_E U(q - q_S) \tag{7.43}$$

式中，T_w 为海水温度，K；σ 为斯特藩-玻尔兹曼常数，其值为 1.36×10^{-12}

cal/$(cm^2 \cdot s \cdot K^4)$；F 为水面辐射特征常数，其值是 0.94；C_P、L_E 均为经验值；C_H、C_E 分别为温度和水气整体交换系数；U 为 10m 高处风速，m/s；T 和 q 分别为 2m 处温度（K）和湿度；T_S 和 q_S 分别为海表温度（K）和湿度。

5.7 参数推荐

扩散系数优先选用在线计算，一般不采用定常值；若取定常值，应给出详细说明。

6 Delft3D 模型

Delft3D 模型是由 Delft 研究开发的一套功能强大的模型，可应用于湖泊、河流、河口和沿海地区数值模拟。该模型由 7 个主要模块组成，分别为水动力模块（FLOW）、波浪模块（WAVE）、水质模块（WAQ）、生态模块（ECO）、颗粒跟踪模块（PART）、动力地貌模块（MOR）、泥沙输运模块（SED），各模块可以互相耦合。Delft3D-FLOW 模型基于纳维-斯托克斯方程，数值求解采用交替隐式算法（alternating direction implicit method，ADI）。模型在水平方向采用正交曲线网格或矩形网格，在垂向上可采用 σ 坐标或 Z 坐标分层的三维模式或者水深平均的二维模式。

6.1 底摩阻系数

底摩阻是潮波能量耗散的主要因素，对潮波的振幅和相位分布有极其重要的影响，其强度用底摩阻系数表征，其数值大小在潮周期运动中随时间而变化。

6.1.1 二维模型

1. 曼宁公式

$$c_{f2D} = \frac{H^{1/6}}{n} \tag{7.44}$$

式中，H 为水深，m；n 为糙率。

2. White-Colebrook 公式

$$c_{f2D} = 10^{18} \lg \frac{12H}{K_s} \tag{7.45}$$

式中，K_s 为尼古拉兹粗糙长度，m，其取值范围为 0.01～0.15m；H 为水深，m。

Delft3D 模型 n 取值范围为 0～0.04，默认取值 0.02。White-Colebrook 公式中 c_{f2D} 取值范围为 0～10m。

6.1.2　三维模型

底摩阻系数计算公式为

$$c_{f3D} = \frac{\sqrt{g}}{k}\ln\left(1 + \frac{\Delta z_b}{2z_0}\right)$$
$$z_0 = \frac{K_s}{30} \tag{7.46}$$

式中，g 为重力加速度，m^2/s；k 为湍流动能，m^2/s；Δz_b 为垫层厚度；K_s 为尼古拉兹粗糙长度，m，取值范围为 0.01～0.15m；z_0 为海床粗糙高度，m，z_0 的取值范围为 0～1m。

6.2　水平涡黏系数

水平涡黏系数的计算公式基于水平湍流正应力和流场的关系构建，实际计算中可采用模型在线计算。水平涡黏系数计算公式：

$$v_h = v_{SGS} + v_v + v_h^{back} \tag{7.47}$$

式中，v_{SGS} 为亚网格水平涡黏系数，m^2/s，计算公式见本章 6.3 节；v_v 为垂向涡黏系数；v_h^{back} 为背景水平涡黏系数，m^2/s，取值范围为 0～100m^2/s，默认值为 1。

水平涡黏系数与流速和网格尺度有关。网格尺度在百米以下，取值范围为 1～10m^2/s；网格尺度在百米及以上，取值范围为 10～100m^2/s。

6.3　水平扩散系数

在一个不流动的环境中，若某组分在空间各位置上的浓度不同，则该组分的分子可从浓度高的位置扩散到浓度低的位置，单位面积扩散速率与浓度梯度成正比，这个比例常数称为分子扩散系数，沿水平方向的分子扩散强度即水平扩散系数。水平扩散系数计算公式：

$$D_h = D_{SGS} + D_v + D_h^{back} \tag{7.48}$$

式中，D_{SGS} 为亚网格涡流扩散系数，m^2/s；D_v 为垂向扩散系数，m^2/s；D_h^{back} 为

背景扩散系数，m^2/s。

亚网格涡黏扩散系数 D_{SGS} 计算如下：

$$D_{SGS} = \frac{v_{SGS}}{Pr_T} \tag{7.49}$$

式中，Pr_T 为紊动普朗特数，默认值为 0.7。

亚网格水平涡黏系数 v_{SGS} 可由下式求解：

$$
\begin{aligned}
v_{SGS} &= \frac{1}{k_s^2}\left(\sqrt{(\gamma\sigma TS^*)^2 + B^2} - B\right) \\
B &= \frac{3g\left|\vec{U}\right|}{4HC^2} \\
(S^*)^2 &= 2\left(\frac{\partial u^*}{\partial x}\right)^2 + 2\left(\frac{\partial v^*}{\partial y}\right)^2 + \left(\frac{\partial u^*}{\partial y}\right)^2 + \left(\frac{\partial v^*}{\partial x}\right)^2 + 2\frac{\partial u^*}{\partial y}\frac{\partial v^*}{\partial x} \\
k_s &= \frac{\pi f_{lp}}{\Delta}, \qquad f_{lp} \leqslant 1
\end{aligned}
\tag{7.50}
$$

对于各向异性网格，建议考虑单元面积，即

$$
\begin{aligned}
\frac{1}{k_s^2} &= \frac{\Delta x \Delta y}{(\pi f_{lp})^2} \\
\gamma &= I_\infty \sqrt{\frac{1 - \alpha^{-2}}{2n_D}}
\end{aligned}
\tag{7.51}
$$

式 (7.50) 和式 (7.51) 中，C 为 Chézy 系数；H 为水深，m；σ 为斯特藩-玻尔兹曼常数；上标 $*$ 的变量表示波动流量变量，u^*、v^* 分别为 x、y 方向波动流量变量；S^* 为应变速率；k_s 为截断波长的波数量级；f_{lp} 为空间低通滤波器系数，取值范围为 $0.2 \sim 1$，推荐值为 0.3；$I_\infty = 0.844$；n_D 为维数（取值 2 或 3）；α 为对数谱斜率，取值 5/3；Δ 为最短可分辨波长的一半。

水平扩散系数与流速和网格尺度有关。网格尺度在百米以下，取值范围为 $1 \sim 10 m^2/s$；网格尺度在百米及以上，在 $10 \sim 100 m^2/s$ 内取值；背景水平扩散系数取值与水深、流速关联，取值在 $0.01 \sim 70 m^2/s$，默认值为 $10 m^2/s$。

6.4 垂向涡黏系数

垂向涡黏系数的计算公式基于垂向湍流正应力和流场的关系构建，实际计算中可采用模型在线计算。在模拟温排水时，多选择 $k\text{-}\varepsilon$ 模型：

（1）垂向涡黏系数计算公式：

$$v_v = v_{mol} + \max(v_{3D}, v_v^{back})$$
$$v_{3D} = c'_\mu L \sqrt{k} \tag{7.52}$$

式中，v_{mol} 为水的运动黏度系数，m^2/s；v_v^{back} 为背景垂向涡黏系数，m^2/s；v_{3D} 为垂直方向的涡流黏度；k 为紊动动能，J；L 为混合长度；c'_μ 为常数，取值为 0.5477。

（2）$k\text{-}\varepsilon$ 模型采用以下公式计算：

$$v_{3D} = c'_\mu L \sqrt{k} = c_\mu \frac{k^2}{\varepsilon}$$
$$c_\mu = c_D c'_\mu \tag{7.53}$$

式中，c_D 为常数，取值为 0.1925。

紊动动能 k 和紊动动能耗散率 ε 可由下列方程求解：

$$\frac{\partial k}{\partial t} + \frac{u}{\sqrt{G_{\xi\xi}}}\frac{\partial k}{\partial \xi} + \frac{v}{\sqrt{G_{\eta\eta}}}\frac{\partial k}{\partial \eta} + \frac{\omega}{d+\zeta}\frac{\partial k}{\partial \sigma} = \frac{1}{(d+\zeta)^2}\frac{\partial}{\partial \sigma}\left(D_k \frac{\partial k}{\partial \sigma}\right) + P_k + P_{k\omega} + B_k - \varepsilon$$

$$\frac{\partial \varepsilon}{\partial t} + \frac{u}{\sqrt{G_{\xi\xi}}}\frac{\partial \varepsilon}{\partial \xi} + \frac{v}{\sqrt{G_{\eta\eta}}}\frac{\partial \varepsilon}{\partial \eta} + \frac{\omega}{d+\zeta}\frac{\partial \varepsilon}{\partial \sigma} = \frac{1}{(d+\zeta)^2}\frac{\partial}{\partial \sigma}\left(D_\varepsilon \frac{\partial \varepsilon}{\partial \sigma}\right) + P_\varepsilon + P_{\varepsilon\omega} + B_\varepsilon - c_{2\varepsilon}\frac{\varepsilon^2}{k}$$

$$D_k = \frac{v_{mol}}{\sigma_{mol}} + \frac{v_{3D}}{\sigma_k}, \quad D_\varepsilon = \frac{v_{3D}}{\sigma_\varepsilon}, \quad P_\varepsilon = c_{1\varepsilon}\frac{\varepsilon}{k}P_k \tag{7.54}$$

式中，σ 为斯特藩-玻尔兹曼常数；d 为基准面水平面以下深度；B_k 为浮力通量，密度的普朗特-施密特数；$\sqrt{G_{\xi\xi}}$ 和 $\sqrt{G_{\eta\eta}}$ 分别为用于将 x 和 y 方向曲线坐标转换为直角坐标的系数；ξ、η 为水平曲线坐标；ζ 为基准面水平面以上的水位；P_k、$P_{k\omega}$ 为湍流动能输运方程中的产生项；P_ε、$P_{\varepsilon\omega}$ 为湍流动能耗散方程中的产生项；σ_{mol} 为分子混合普朗特数（盐度为 700，温度为 $6.7\,℃$）；σ_k 为湍流动能下的普朗特数；σ_ε 为能量耗散下的普朗特数；B_k 为湍流动能输运方程中的浮力通量；B_ε 为湍流动能耗散方程中的浮力通量。

在紊动动能的产生项 P_k 中，忽略了水平速度的水平梯度和垂直速度的所有梯度，按照下列公式计算：

$$P_k = v_{3D} \frac{1}{(d+\zeta)^2} \left[\left(\frac{\partial u}{\partial \sigma} \right)^2 + \left(\frac{\partial v}{\partial \sigma} \right)^2 \right]$$

$$B_\varepsilon = c_{1\varepsilon} \frac{\varepsilon}{k} (1 - c_{3\varepsilon}) B_k \quad (7.55)$$

$$B_k = \frac{v_{3D}}{\rho \sigma_\rho} \frac{g}{H} \frac{\partial \rho}{\partial \sigma}$$

式中，$\sigma_\rho = 0.7$；$c_{1\varepsilon} = 1.44$；$c_{2\varepsilon} = 1.92$；不稳定分层时，$c_{3\varepsilon}$ 取 0，稳定分层时，$c_{3\varepsilon}$ 取 1。

其中，海表和海底紊动动能及其耗散率不同。海底紊动动能及其耗散率受底摩阻力影响，计算公式如下：

$$\varepsilon \mid_{\sigma=-1} = \frac{u_{*b}^3}{kz_b}$$

$$k \mid_{\sigma=-1} = \frac{u_{*b}^2}{\sqrt{c_\mu}} \quad (7.56)$$

式中，u_{*b} 为底摩阻流速。

海表紊动动能及其耗散率受风应力影响，计算公式如下：

$$\varepsilon \mid_{\sigma=0} = \frac{u_{*s}^3}{\frac{1}{2} kz_s}$$

$$k \mid_{\sigma=0} = \frac{u_{*s}^2}{\sqrt{c_\mu}} \quad (7.57)$$

式中，u_{*s} 为海表摩擦速度。

6.5 垂向扩散系数

在一个不流动的环境中，若某组分在空间各位置上的浓度不同，则该组分的分子可从浓度高的位置扩散到浓度低的位置，单位面积扩散速率与浓度梯度成正比，这个比例常数称为分子扩散系数，沿垂直方向的分子扩散强度即垂向扩散系数。垂向扩散系数计算公式：

$$D_v = \frac{v_{mol}}{Pr_{mol}} + \max(D_{3D}, D_v^{back})$$

$$D_{3D} = \frac{v_{3D}}{Pr_c}$$

$$Pr_c = Pr_{c0} F_\sigma(Ri) \tag{7.58}$$

$$F_\sigma(Ri) = \begin{cases} \dfrac{(1+3.33Ri)^{1.5}}{\sqrt{1+10Ri}}, & Ri \geqslant 0 \\ 1, & Ri \leqslant 0 \end{cases}$$

式中，Pr_{mol} 为热扩散（分子）普朗特数；Pr_c 为普朗特-施密特数；Pr_{c0} 为紊动普朗特数，默认取 $Pr_{c0} = 0.7$；Ri 为理查森数。

6.6　热通量

热通量包括短波净辐射、长波净辐射、反向长波辐射、潜热通量和显热通量。计算时应优先采用实测数据，缺少实测数据时可采用再分析数据。

总热通量计算公式：

$$Q_{tot} = Q_{sn} + Q_{an} - Q_{br} - Q_{ev} - Q_{co} \tag{7.59}$$

式中，Q_{sn} 为短波净辐射，$J/(m^2 \cdot s)$；Q_{an} 为长波净辐射，$J/(m^2 \cdot s)$；Q_{br} 为反向长波辐射，$J/(m^2 \cdot s)$；Q_{ev} 为潜热通量，$J/(m^2 \cdot s)$；Q_{co} 为显热通量，$J/(m^2 \cdot s)$。

表层温度变化 T_s（℃）由以下公式得出：

$$\frac{\partial T_s}{\partial t} = \frac{Q_{tot}}{\rho_w c_p \Delta z_s} \tag{7.60}$$

式中，c_p 为海水的比热容，取值为 $3930 J/(kg \cdot K)$；ρ_w 为水的密度，kg/m^3；Δz_s 为顶层厚度，m。

（1）短波净辐射 Q_{sn} 计算公式：

$$Q_{sn} = Q_s - Q_{sr} = (1-\alpha)Q_{sc} f(F_c) \tag{7.61}$$

式中，Q_s 为短波辐射，$J/(m^2 \cdot s)$；Q_{sr} 为反射太阳辐射，$J/(m^2 \cdot s)$；Q_{sc} 为晴天的短波太阳辐射，$J/(m^2 \cdot s)$；α 为反照率（反射）系数；F_c 为云层覆盖的天空部分。

(2)长波净辐射 Q_{an} 的计算公式：

$$Q_{an} = (218.0 + 6.3T_a)g(F_c)$$
$$g(F_c) = 1.0 + 0.17F_c^2 \tag{7.62}$$

式中，T_a 为空气温度，℃。

(3)反向长波辐射 Q_{br} 的计算公式：

$$Q_{br} = 303 + 5.2T_s \tag{7.63}$$

(4)潜热通量 Q_{ev} 的计算公式：

$$Q_{ev} = L_V E$$
$$L_V = 2.5 \times 10^6 - 2.3 \times 10^3 T_s \tag{7.64}$$
$$E = f(U_{10m})(e_s - e_a)$$

式中，L_V 为水中的蒸发潜热，J/kg；E 为蒸发速率，kg/($m^2 \cdot$s)；e_s 为饱和蒸汽压；e_a 为实际蒸汽压；U_{10m} 为自由面以上 10m 处的平均风速，m/s。

对于海洋模型采用以下公式计算：

$$e_s = 10^{\frac{0.7859 + 0.03477T_s}{1.0 + 0.00412T_s}}$$
$$e_a = r_{hum}10^{\frac{0.7859 + 0.03477T_a}{1.0 + 0.00412T_a}} \tag{7.65}$$
$$f(U_{10m}) = c_e U_{10m}$$

式中，r_{hum} 为相对湿度，%；c_e 为道尔顿系数。

对于其他模型采用以下公式计算：

$$e_s = 23.38\exp\left(18.1 - \frac{5303.3}{\overline{T}_s}\right)$$
$$e_a = r_{hum}23.38\exp\left(18.1 - \frac{5303.3}{\overline{T}_a}\right) \tag{7.66}$$
$$f(U_{10m}) = (3.5 + 2.0U_{10m})\left(\frac{5.0 \times 10^6}{S_{area}}\right)^{0.05}$$

式中，r_{hum} 为相对湿度；$\overline{T}_a$ 为空气温度，$\overline{T}_a = T_a + 273.15$，K；$\overline{T}_s$ 为水面温度，$\overline{T}_s = T_s + 273.15$，K；$S_{area}$ 为暴露的水面面积，m^2。

(5)显热通量 Q_{co} 计算公式。

对于海洋模型采用以下公式计算：

$$Q_{co} = Q_{co,forced} + Q_{co,free}$$
$$Q_{co,forced} = \rho_a c_p g(U_{10m})(T_s - T_a)$$
$$Q_{co,free} = k_s \rho_a c_p (T_s - T_a)$$
$$g(U_{10m}) = c_H U_{10m}$$
$$k_s = \begin{cases} 0, & \rho_{a10m} - \rho_{a0} \leqslant 0 \\ c_{fr.conv}\left\{ \dfrac{g\alpha^2}{v_{air}\overline{\rho_a}}(\rho_{a10} - \rho_{a0}) \right\}^{1/3}, & \rho_{a10m} - \rho_{a0} > 0 \end{cases} \tag{7.67}$$
$$\alpha = \frac{v_{air}}{Pr}$$

式中，$Q_{co,forced}$ 为显热强迫对流，J/(m²·s)；$Q_{co,free}$ 为显热自由对流，J/(m²·s)；c_p 为空气比热容，取值 1004.0J/(kg·K)；c_H 为斯坦顿数，取值 0.00145；$\overline{\rho_a}$ 为空气密度，kg/m³；k_s 为传热系数；ρ_{a10m} 为水位以上 10m 的空气密度；ρ_{a0} 为饱和空气密度；$c_{fr.conv}$ 为自由对流系数，取值 0.14；v_{air} 为空气黏度，取值 16.0×10^{-6}m²/s；Pr 为普朗特数，取值 0.7。

对于其他模型采用以下公式计算：

$$Q_{co} = R_b Q_{ev}$$
$$R_b = \gamma \frac{T_s - T_a}{e_s - e_a} \tag{7.68}$$

式中，γ 为常数，取值 0.61。

第8部分　物理模型试验

1　范　　围

本部分规定了滨海核电温排水物理模型试验的流程、方法、验证、成果分析等要求。

本部分适用于滨海核电厂温排水邻近水域水体温度预测。

内陆电厂和滨海火电厂温排水温升预测可参考执行。

2　规范性引用文件

JTS/T 231—2021　水运工程模拟试验技术规范

HJ 1037—2019　核动力厂取排水环境影响评价指南(试行)

NB/T 20299—2014　核电厂温排水环境影响评价技术规范

NB/T 20106—2012　核电厂冷却水模拟技术规程

SL 155—2012　水工(常规)模型试验规程

SL 160—2012　冷却水工程水力、热力模拟技术规程

GB 3097—1997　海水水质标准

HJ 19—2022　环境影响评价技术导则　生态影响

3　术语和定义

(1)物理模型试验(physical model experiment)。

将研究对象按满足一定相似条件或相似准则缩制而成的模型(又称实体模型),模拟自然界的物质移动和变化规律。

(2)边界条件(boundary condition)。

模拟区域边界处水动力、热力的输入、输出控制条件。

(3)综合散热系数(comprehensive surface thermal diffusivity)。

水体与大气交界面热量交换的综合系数。

(4)正态模型(undistorted model)。

模型水平比尺和垂直比尺按同一比尺制作的模型。

(5)变态模型(distorted model)。

模型的水平与垂直比尺采用不同比例制作的模型。

(6)模型变率(model deformation)。

模型水平比尺与垂直比尺的比值。

(7)几何相似(geometric similarity)。

模型与原型保持几何形状和几何尺寸的相似,即原型和模型的任何一个线性尺度之间保持相同的比例关系。

(8)重力相似(gravity similarity)。

原型与物理模型水流的惯性力与重力的比值相等,又称为弗劳德(Froude)相似。

(9)阻力相似(resistance similarity)。

原型与物理模型水流的惯性力与阻力的比值相等,又称为雷诺(Reynolds)相似。

(10)运动相似(kinematic similarity)。

两个几何相似体系的液流中,相应质点运动轨迹几何相似,而且质点流过相应线段所需的时间保持相同的比例关系,即流速场的几何相似。

4　一 般 规 定

4.1　仪器设备

(1)温排水模型恒温加热系统,控温精度 0.2℃,且闭路循环。

(2)试验用的潮汐模拟系统,可根据试验要求选购或自行设计制作,应满足试验流场模拟参数精度要求,潮汐模拟系统流量控制精度要求为 10%。

(3)试验应包括以下主要专用测量设备:

① 流量测试仪(10 个)、流速测试仪(10 个)、潮位仪(7 个)、流向仪(10 个),数量可根据本部分 6.2 节确定,也可由试验需求确定。

② 温度传感器、热红外测温仪等测温仪器,测温精度 ±0.2℃,根据试验需求确定仪器数量。

③ 若考虑温排水的扩散范围及运动路径,可使用示踪红色染剂。

④ 若考虑泥沙对温排水扩散的影响，可配备含沙量测量仪。

(4)试验工作开始前应对所有检测仪器、设备进行检查、校核，验证合格后方可使用；试验测量仪器仪表应满足试验所要求的测量范围和精度等技术指标要求。

4.2 质量控制

4.2.1 水温资料的要求

(1)流速、潮位及水温同步测量的水温资料。

(2)核电厂排水口处的温排水温度。

(3)如果附近有其他热源排放，宜给出全潮水文测验期间同步测量的水温、温度(温升)场分布和取水温升等资料。

4.2.2 报告编制的要求

1. 一般要求

(1)报告正文主体应包括项目的来源与试验任务、研究目的与内容、研究工作技术路线、基础资料的概述与分析、模型验证、方案试验及其成果的分析、结论等。

(2)物理模型试验应包括模型设计原则、模拟范围、模型比尺和相似性论证、模型制作方法和控制精度、主要设备、仪器的性能和精度等。

(3)结语或结论观点应明确。应明确指出存在的问题，并提出进一步解决问题的方法和建议。

2. 资料整理和分析要求

(1)分析整理各种试验方案在不同条件下温升场的温升分布特性及其变化规律，并绘制成图表或曲线。重点分析不同条件下，距排放口 500m(原型)处温升模拟结果；4℃温升线、1℃温升线、最大温升包络线及其温升区面积；4℃温升区的抵岸时间。

(2)分析整理各种试验方案在不同条件下的流速分布或流态特征及其变化规律，并绘制成图。

(3)分析整理试验结果有问题或不甚合理时，应找出具体原因，有针对性地予以纠正。

3. 综合分析报告要求

综合分析报告内容包括物理模型试验和数值模拟计算各自的优缺点，不同研究方法的重点研究内容和需要解决的关键问题, 试验结果的对比分析, 在综合分析的基础上给出合理的结果并为后续专题提供技术支持。

4.2.3 模型试验验证及精度控制要求

(1)模型生潮控制站应有边界潮汐水位过程或流量过程。当缺乏此类资料时, 可采用邻近站位资料推算或用数值模拟计算资料。

(2)模型潮流时间过程应按水流时间比尺控制, 潮位变化应按模型垂直比尺控制。

(3)模型应根据现场观测资料进行验证试验, 内容应包括潮位、流速、流向、流路和局部流态。

(4)模型验证试验必须重复进行两次, 将平均值作为试验成果并以图表等形式表示。

(5)模型验证试验偏差换算成原型数值应满足下列精度要求:

① 潮位: 高低潮时间的相位允许偏差为±0.5h, 最高最低潮位值允许偏差为±10cm。

② 流速: 憩流时间和最大流速出现的时间允许偏差为±0.5h, 流速过程线的形态基本一致。

③ 测点涨潮、落潮时段平均流速允许偏差为±10%; 试验水域流速较小时, 涨潮、落急时段平均流速允许偏差为±10%。

④ 流向: 往复流时测站主流流向允许偏差为±10°, 平均流向允许偏差为±10°, 旋转流时测站流向允许偏差为±15°。

⑤ 流路与原型观测资料趋向一致。

⑥ 断面潮量允许偏差为±10%。

(6)当模型验证试验个别测站流速、流向、潮位结果超出允许偏差时, 应对比现场实测资料, 分析产生偏差的原因, 并采取相应的措施。当模型范围较大、验证测站较多、自然条件较复杂时, 模型验证超出允许偏差的测站不得超过总验证测站的 20%, 且其位置不得集中在试验研究的关键部位。

4.2.4 模型方案试验要求

(1)方案试验应按不同季节、不同潮位和不同流速组合依次进行, 并应根据试验结果进行调整、优化。

(2)方案试验应记录各测点温度、水位和流速等, 以及试验室环境的气温、湿度等, 并观察温排水运动状态受排水口几何形状和布置方案影响的情况。

(3)方案试验的测量方法和精度控制应与模型试验验证相同。

4.3 工作成果

物理模型试验中主要工作成果包括：

(1)距排放口 500m(原型)处温升模拟结果；4℃温升线、1℃温升线、最大温升包络线及其温升区面积；4℃温升区的抵岸时间。

(2)各种条件下的水位及流速，并绘制流态图。

(3)各种条件下各测点温度及表层水体温度、垂向温度分布。

(4)试验过程中表征试验室环境条件的气温、湿度等。

4.4 资料和成果归档

按第 1 部分第 7 章的要求执行。

5 流 程

滨海核电温排水物理模型试验流程包括资料收集、模型设计、模型制作、模型试验和成果分析 5 个部分(图 8.1)。

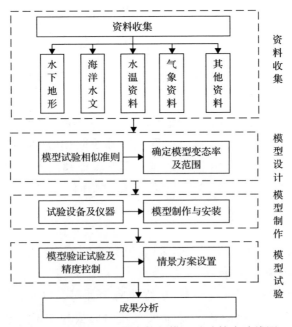

图 8.1 滨海核电温排水物理模型试验技术路线图

6　资　料　收　集

6.1　地形

（1）岸滩地形：岸线矢量数据、潮间带宽度和坡度数据、沉积物物质组成。岸滩地形可根据工程水域水下自然地形条件、研究问题需求等，采用适当比尺的测图、海图或航道图等，一般宜不小于 1∶25000。

（2）海底地形地貌应涵盖第 1 部分第 4 章规定的监测预测范围。取排水工程附近水域以及其他需重点关注的水域水下地形图比例应不小于 1∶2000。

6.2　海洋水文

6.2.1　潮位

（1）测站布置：工程海域应设置不少于 7 个潮位测站，其中 1 个测站布设在取排水工程附近水域，核电厂附近两侧岸边应各布设 1 个测站，离工程较远水域宜设等间距 4 个潮位测站。

（2）资料内容：工程海域夏季、冬季连续 1 个月的潮位资料以获取潮差累积频率分别为 10%、50% 和 90% 的代表性大潮、代表性中潮和代表性小潮。

（3）应采用统一的基准面，给出水位测量断面或潮位测站的位置坐标，并在水下地形图上标注。

6.2.2　流速、流向、流量

（1）流速测站的布置不少于 10 个，有物理模型范围内 6 个、物理模型范围外 4 个，其中温排水工程附近水域 2 个、核电厂两侧各 2 个和远水区域 4 个。

（2）测量内容包括与本部分 6.2.1 节同步实测夏季、冬季连续 1 个月的流速、流向及流量资料。

6.3　水温资料

（1）与本部分 6.2.2 节测站相同位置处，应同步采集工程海域冬季、夏季实测水温数据，连续监测时间不少于 1 个月。

（2）核电厂排水口处的温排水温度。

6.4 气象资料

工程区域冬季、夏季月平均的气温、湿度、风速、风向等,连续监测 1 个月。

6.5 其他资料

(1)电厂设计以及工程水域内已有电厂运行、环境功能区划及岸线规划等资料。

(2)根据实验需求,收集工程海域及其周边的波浪、盐度和泥沙等实测资料。

7 模型设计

7.1 模型试验相似准则

(1)温排水物理模型应满足几何相似、重力相似和阻力相似条件,比尺按以下公式计算:

几何相似:

$$\lambda_l = \frac{l_p}{l_m} \tag{8.1}$$

$$\lambda_h = \frac{h_p}{h_m} \tag{8.2}$$

水流连续性相似:

$$\lambda_t = \frac{\lambda_l}{\lambda_h^{1/2}} \tag{8.3}$$

重力相似:

$$\lambda_V = \lambda_h^{1/2} \tag{8.4}$$

阻力相似:

$$\lambda_n = \frac{\lambda_h^{2/3}}{\lambda_l^{1/2}} \text{ 或 } \lambda_n = \frac{\lambda_h^{7/6}}{\lambda_V \lambda_l^{1/2}} \tag{8.5}$$

流量比尺：

$$\lambda_Q = \lambda_l \, \lambda_h^{3/2} \tag{8.6}$$

潮量比尺：

$$\lambda_W = \lambda_l^2 \, \lambda_h \tag{8.7}$$

温排水流量比尺：

$$\lambda_{TQ} = \lambda_l \, \lambda_h^{3/2} \tag{8.8}$$

温排水流速比尺：

$$\lambda_{TV} = \lambda_n^{1/2} \tag{8.9}$$

式 (8.1)～式 (8.9) 中，λ_l 为平面比尺；l_p 为原型长度，m；l_m 为模型长度，m；λ_h 为垂直比尺；h_p 为原型水深，m；h_m 为模型水深，m；λ_V 为流速比尺；λ_n 为糙率比尺；λ_t 为水流时间比尺；λ_Q 为流量比尺；λ_W 为潮量比尺；λ_{TQ} 为温排水流量比尺；λ_{TV} 为温排水流速比尺。

(2) 除满足上述相似条件外，模型还应满足水流运动相似、动力相似、热力相似和边界条件相似。比尺按以下公式计算 (下标 r 表示原型与模型比值)：

$$(Eu)_r = (Fr)_r = (F_\Delta)_r = (Re)_r = (Fo)_r = (Pe)_r = (\Delta T)_r = 1 \tag{8.10}$$

$$\left(\frac{K(T_1 - T_2)L^2}{\rho C Q \Delta T} \right)_r = 1 \tag{8.11}$$

式 (8.10) 和式 (8.11) 中，Eu 为欧拉数，压力与惯性力之比；Fr 为弗劳德数，重力与惯性力之比；F_Δ 为密度弗劳德数，浮力与惯性力之比；Re 为雷诺数，黏滞力与惯性力之比；Fo 为傅里叶数，流动时间与导热时间之比；Pe 为佩克莱数，对流换热与分子传热之比；K 为水面散热系数，W/(m²·℃)；L 为水平长度，m；T_1 为水温，℃；T_2 为自然水温，℃；ΔT 为温差，℃；C 为水的比热容，J/(kg·℃)；ρ 为水的密度，kg/m³；Q 为流量，m³/s。

(3) 模型试验重要的相似准数为弗劳德数 (重力相似，Fr)、雷诺数 (阻力相似，Re) 和密度弗劳德数 (浮力相似，F_Δ)。当上述相似准数不能同时满足时，应根据试验的主要目的，分析影响试验成果的主要因素，舍弃或松弛一些次要的相似准数，以满足重要相似准数。

(4) 模型雷诺数应大于临界雷诺数，模型最小水深宜大于 3cm。

(5) 涉及风效应的温排水模型试验，应补充风效应的相似条件。

① 风吹效应在单位水面散热能力上的相似（下标 r 表示原型与模型比值）：

$$\Phi_r(w) = K_r = \frac{V_r h_r}{l_r} \tag{8.12}$$

式中，w 为水面风速；Φ_r 为风效应水面散热比尺；K_r 为水面散热比尺；V_r 为流速比尺；h_r 为垂直比尺；l_r 为平面比尺。

② 风吹效应在受热水域流速场上的相似。

假设风吹影响下的水流流速场是无风的水流流速场与风生水流流速场的向量线性叠加，即

$$V_{有风} = V_{无风} + V_{风生水流} \tag{8.13}$$

因此，风吹效应水域流速场的相似条件为（下标 r 表示原型与模型比值）：

$$(V_{有风})_r = (V_{无风})_r = (V_{风生水流})_r = V_r \tag{8.14}$$

(6)涉及泥沙问题的温排水模型，补充泥沙的相似条件。

泥沙沉降速度比尺 λ_w：

$$\lambda_w = \lambda_V \lambda_h / \lambda_1 = \lambda_h^{3/2} / \lambda_1 \tag{8.15}$$

式中，λ_V 为流速比尺。

含沙量比尺 λ_{s^*}：

$$\lambda_{s^*} = \frac{\lambda_{\gamma_s}}{\lambda_{(\rho_s - \rho)}} \tag{8.16}$$

式中，λ_{γ_s} 为泥沙密度容重比尺；$\lambda_{(\rho_s - \rho)}$ 为泥沙密度和水的密度差比尺。

悬沙冲淤时间相似比尺 λ_t：

$$\lambda_t = \lambda_{\gamma_0} \frac{\lambda_{(\rho_s - \rho)}}{\lambda_{\gamma_s}} \frac{\lambda_1}{\lambda_h^{1/2}} \tag{8.17}$$

式中，λ_{γ_0} 为床面泥沙干容重比尺。

7.2 模型设计

7.2.1 模型变态率

(1)试验重点是排水口地区的出流流态、局部掺混及与之相应的温度场，

宜采用几何正态模型。重点模拟区域的最小水深宜大于 3cm。

(2) 其他模型比尺、变态率选择原则和依据详见附录 I, 模型变率不宜大于 7。

7.2.2　模型范围

(1) 预测范围应参考数学模型 0.5℃温升线的结果确定。

(2) 模型范围应根据每个滨海核电温排水排放的特点和温升范围而定, 应覆盖温排水排放可能影响的全部区域。

7.2.3　其他规定

符合《水工 (常规) 模型试验规程》(SL 155—2012) 的规定。

8　模 型 制 作

8.1　模型试验设备

(1) 温排水水力、热力物模型试验, 除有特殊模拟要求外, 应在室内进行, 且室内气象条件要保持相对稳定。

(2) 温排水试验用的加热系统应保证恒定供热, 且闭路循环, 控温精度为 0.2℃。

(3) 试验用的潮汐模拟系统, 可根据试验要求选购或自行设计制作。生潮系统应符合下列规定:

①应根据试验场地固定设备状况、模型边界条件与布置要求, 选择采用一种或多种形式组合的生潮系统; 生潮能力应满足模型中涨落潮最大流速变化和最大潮流量的要求。

②有双边或多边界生潮时, 模型应设置水量循环调配系统; 供水系统供水流量应大于模型生潮流量, 并设置适当的集水系统。

③生潮系统应配置相应的生潮设备、潮水箱或水库; 模型生潮系统应采用计算机自动控制; 生潮设备的生潮能力、潮水箱或水库的贮水量可分别按下列公式估算:

$$Q_{\mathrm{m}} > (V_{\max})_{\mathrm{m}} \times (h_{\max})_{\mathrm{m}} \times B_{\mathrm{m}} + Q_0 \tag{8.18}$$

$$W > B_{\mathrm{m}} \times l_{\mathrm{m}} \times [(h_{\max})_{\mathrm{m}} - (h_{\min})_{\mathrm{m}}] + W_0 \tag{8.19}$$

式 (8.18) 和式 (8.19) 中，Q_m 为模型中流量，m^3/s；$(V_{max})_m$ 为模型中最大流速，m/s；$(h_{max})_m$ 为模型中最大水深，m；$(h_{min})_m$ 为最小水深，m；B_m 为模型过水断面宽度，m；Q_0 为使生潮尾门或潮水箱阀门处于正常状态而需要的富裕泄水量，m^3；W 为潮水箱或水库的贮水量，m^3；l_m 为模型长度，m；W_0 为潮水箱或水库与供水、回水系统容积的富裕量，m^3。

8.2　模型检测仪器

(1) 试验应包括以下主要专用测量设备：

①流量测试仪器、流速测试仪器、潮位测量仪、流向仪，这些仪器应根据原型潮位、潮流站观测位置进行设置，试验测量仪器仪表的技术指标应满足测试要求。

②温度传感器等测温仪器，测温精度 $\pm 0.2℃$，根据需要使用热红外测温仪。

③海域模型试验水位跟踪测架的响应时间应与潮位变化相匹配。

(2) 考虑温排水的扩散范围及运动路径，可使用示踪红色染剂。

(3) 若涉及泥沙问题，需使用含沙量测量仪，且满足泥沙相似准则。

(4) 试验工作开始前应对所有检测仪器、设备进行检查、校核，验证合格后方可使用。试验测量仪器仪表应满足试验所要求的测量范围和精度等技术指标要求。

8.3　模型制作与安装

物理模型的制作应满足以下要求：

(1) 应绘制模型总体布置图、结构物制模图、测点布置图，并提出制模加工及安装要求。

(2) 模型材料可选用木材、水泥、有机玻璃、塑料和金属材料等。

(3) 模型制作与安装时，应进行必要的结构稳定和强度校核。

(4) 模型安装应用经纬仪、水准仪或全站仪等控制，并应满足以下精度控制要求：

① 地形制作高程控制设置一个或多个水准点，多个水准点的高程允许偏差为 $\pm 0.5\text{mm}$。

② 模型地形和模型中各工程的高程允许偏差为 $\pm 1.0\text{mm}$。

③ 模型地形的平面位置允许偏差为 $\pm 10\text{mm}$。

(5) 模型地形控制间距宜采用 1.0m，当地形变化剧烈、坡度较大时，控制间距宜采用 0.5m，取排水工程附近区域应适当加密。

（6）模型制作安装完成后，应进行检验与校核。

（7）模型本身及一般量测仪器的安装与常规水工模型相同，无特殊之处。参见《水工（常规）模型试验规程》（SL 155—2012）。

9　模　型　试　验

9.1　模型验证试验及精度控制

9.1.1　模型验证试验

（1）模型生潮控制站应有边界潮汐水位过程或流量过程。当缺乏此类资料时，可采用邻近站位资料推算或用数值模拟计算资料。

（2）模型潮汐时间过程应按水流时间比尺控制，潮位变化应按模型垂直比尺控制。

（3）模型应根据现场观测资料进行验证试验，内容应包括潮位、流速、流向、流路和局部流态。

（4）模型中的水力、热力参数随水体的蓄热以及模型中特定点的温度趋于稳定后，方可正式测量。

（5）模型验证试验必须重复进行 2～3 次，并取有效测次的平均值作为成果。成果应以图、表等形式表示。

9.1.2　模型验证精度要求

1. 验证顺序

潮位、流速、流向、温度。

2. 验证参数

（1）各指标的站位要求参考本部分 6.2 节内容，测量时间按水流时间比尺缩放。

（2）潮位。高低潮时间的相位允许偏差为 ±0.5h，最高最低潮位值允许偏差为 ±10cm。

（3）流速。憩流时间和最大流速出现的时间允许偏差为 ±0.5h，流速过程线的形态基本一致；测点涨潮、落潮时段平均流速允许偏差为 ±10%；试验水域流速较小时，涨潮、落急时段平均流速允许偏差为 ±10%。

(4)流向。往复流时测站主流流向允许偏差为±10°，平均流向允许偏差为±10°；旋转流时测站流向允许偏差为±15°。

(5)流路与原型观测资料趋向一致。

(6)断面潮量允许偏差为10%。

(7)水域不同时刻温度值的差值小于1%，潮汐水域相邻两个温度值随潮变化过程线上同时刻对应的温度值的差值小于1%，则可认为模型水力、热力参数已达稳定。

9.2 不同情景方案试验

滨海核电厂温排水会使附近海域水温升高。依据《海水水质标准》(GB 3097—1997)，第一类、第二类海水水质"人为造成的海水温升夏季不超过1℃，其他季节不超过2℃"；第三类、第四类水质"人为造成的海水温升不得超过4℃"。重点为核电厂附近的受纳水体在距离排放口500m处的海水温升结果。

通过工程区域夏季、冬季至少连续1个月的潮位资料获取潮差累计频率分别为10%、50%和90%的代表性大潮、代表性中潮和代表性小潮。依据季节、潮位和流速(或其他因素，如风速)进行情景方案设置，如表8.1所示，远区模拟参考数值模拟的结果。潮时及模型模拟时长应根据原型和时间比尺确定。

表 8.1 温排水模型情景方案设置

季节	潮位	流速	距排放口500m处温升模拟结果			4℃温升区面积/1℃温升区面积	4℃温升区的抵岸时间
			近区模拟	远区模拟	综合温升		
夏季	代表性大潮	V_1	T_1	T_2	T_1+T_2	S_1/S_2	t_1
		V_2	T_3	T_4	T_3+T_4	S_3/S_4	t_2
		V_3	—	—	—	S_5/S_6	t_3
	代表性中潮	V_1				S_7/S_8	t_4
		V_2				S_9/S_{10}	t_5
		V_3				—	—
	代表性小潮	V_1					
		V_2					
		V_3					
冬季	代表性大潮	V_1	T_{19}	T_{20}	$T_{19}+T_{20}$		
		V_2	T_{21}	T_{22}	$T_{21}+T_{22}$		
		V_3	—	—	—		

续表

季节	潮位	流速	距排放口 500m 处温升模拟结果			4℃温升区面积/1℃温升区面积	4℃温升区的抵岸时间
			近区模拟	远区模拟	综合温升		
冬季	代表性中潮	V_1	—	—	—	—	—
		V_2	—	—	—	—	—
		V_3	—	—	—	—	—
	代表性小潮	V_1	—	—	—	—	—
		V_2	—	—	—	—	—
		V_3	—	—	—	—	—

注：流速数据单位为 m/s；温升数据单位为℃；温升区面积数据单位为 m²；抵岸时间单位为 s。

10　成 果 分 析

10.1　专题图件绘制

见第 1 部分第 6 章。

10.2　数据分析

（1）分析整理各种试验方案在不同条件下温升场的温升分布特性及其变化规律，并绘制成图、表或曲线。重点分析不同条件下，距排放口 500m（原型）处温升模拟结果；4℃温升线、1℃温升线、最大温升包络线及其温升区面积；4℃温升区的抵岸时间。

（2）分析整理各种试验方案在不同条件下的流速分布或流态特征及其变化规律，并绘制成图。

（3）分析整理试验结果有问题或不甚合理时，应找出具体原因，有针对性地予以纠正。

第 9 部分　温排水数值模拟结果核验

1　范　　围

本部分规定了滨海核电温排水数值模拟预测结果核验的原则、内容、方法及成果等。

本部分适用于滨海核电厂温排水数值模拟预测,滨海火电厂和内陆电厂温排水数值模拟预测可参照执行。

常见的数值模型适用于本部分,自编数值模型可参照执行。

2　规范性引用文件

下列文件中的内容通过本部分的规范性引用而构成文件必不可少的条款。其中,注日期的引用文件,仅该日期对应的版本适用于本文件;不注日期的引用文件,其最新版本(包括所有的修改单)适用于本文件。

GB/T 19485—2014　海洋工程环境影响评价技术导则

GB/T 50102—2014　工业循环水冷却水设计规范

GB 12327—1998　海道测量规范

JTS/T 231—2021　水运工程模拟试验技术规范

SL 160—2012　冷却水工程水力、热力模拟技术规程

DL/T 5084—2012　电力工程水文技术规程

国海发〔2010〕22 号　海域使用论证技术导则

SL/T 278—2020　水利水电工程水文计算规范

HJ 1037—2019　核动力厂取排水环境影响评价指南(试行)

NB/T 20106—2012　核电厂冷却水模拟技术规程

GB/T 12763.10—2007　海洋调查规范 第 10 部分:海底地形地貌调查

GB/T 50663—2011　核电厂工程水文技术规范

JTS 145—2015　港口与航道水文规范

NB/T 20299—2014　核电厂温排水环境影响评价技术规范

3　术语和定义

(1)数值模拟(numerical simulation)。

针对研究对象和需要研究问题的数学方程式,按给定的定解条件进行数值求解的方法,又称数学模型。

(2)边界条件(boundary conditions)。

数值模拟中边界上的水位、水流、波浪、温度和盐度等控制条件。

(3)初始条件(initial conditions)。

数值模拟开始时所采用的水位、水流、波浪、温度和盐度等起始状态。

(4)温升区(temperature rising area)。

温排水所在或影响的空间区域,也叫温升混合区。

(5)验证计算(validation calculation)。

数值模拟中为检验和校正模型与原型相似程度的计算。

4　一　般　规　定

4.1　核验原则

(1)规范性原则。核验人员运用科学的方法、程序、技术标准和规范开展工作,即根据核验目标,选择适用的方法、标准和规范,按照规范、标准和手册中规定的程序实施操作。同时需建立完整的管理制度、严谨的核验作业流程,确保核验工作严谨有序。

(2)客观性原则。核验结果应以充分的事实为依据,在核验过程中的推理和逻辑判断等只能建立在编制单位提供的基础资料以及现实的技术状态上。

(3)独立性原则。独立性原则要求核验应该依据规范及可靠的资料数据及规定的流程,对被核验的报告独立地做出核验结论,不受外界干扰,保持独立公正。

4.2 核验方法

(1)规范对比。通过对比规范要求及报告实际内容情况，核验其遵循规范要求的程度。

(2)文献查阅。通过文献查阅，了解该区域水文环境、气象等情况，结合报告内容，判断报告的完整性、科学性、合理性以及全面性等。

(3)参数核算。报告编制单位采用自编程序进行数值模拟计算，但未提供模型计算文件。故核验单位仅对报告中提供的水面综合散热系数、糙率等参数，根据标准、规范等规范性文件的要求及委托方提供的基础性数据进行核验。

(4)模型复算。按照标准、规范等规范性文件、《滨海核电温排水监测预测技术手册》的要求及委托方提供的数值模拟计算文件、基础数据等，开展模型复算，核验其分析结果的准确性。

(5)专家咨询。针对核验中的问题，通过通信、座谈、邮件等形式咨询行业领域内的专家，综合分析不同专家的意见，形成可靠性核验结论。

4.3 核验重点

(1)模型构建。按照规范、标准及《滨海核电温排水监测预测技术手册》核验报告中公式、关键参数取值、网格设置以及初始场设置等模型构建中涉及环节的科学性、合理性和准确性。

(2)模型验证。按照规范、标准及《滨海核电温排水监测预测技术手册》核验报告中模型验证的方法、时长、要素种类等的合理性和准确性。

(3)工况设置与模拟结果。按照规范、标准及《滨海核电温排水监测预测技术手册》核验报告工况设置是否齐全、模拟结果分析是否合理、背景场选取是否科学。

5 核 验 路 线

报告核验分为两个部分：一是利用现有规范及材料，对报告内容进行参数核算和核验；二是按照《滨海核电温排水监测预测技术手册》要求开展计算，对比分析其结果与报告结果的异同。核验路线如图 9.1 所示。

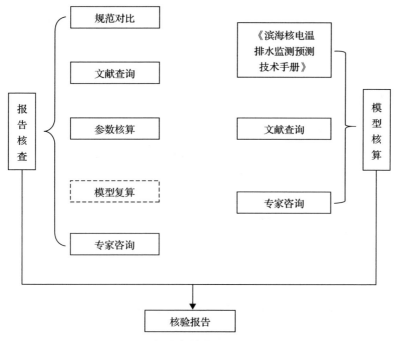

图 9.1　温排水数值模拟结果核验路线

6　整体规范性

6.1　结构完整

检查数值模拟报告是否有缺项。数值模拟报告应包括本手册第 6 部分附录 G 规定的全部章节。

6.2　图表规范

检查数值模拟报告所附图表是否齐全，图表制作是否规范。数值模拟报告图表应符合本手册第 1 部分总则中第 6 章的要求。

6.3　数据可靠

数值模拟报告中引用的地形、潮位、潮流、波浪等资料应由国家权威部门发布或由具有测量调查资质的单位测量。

7　模型设置合理性

7.1　模型基本设置

(1)模型选择应符合本手册第 2 部分的要求。当选用自编模型时,应重点关注模型介绍、参数选取以及模型验证情况。

(2)数值模型范围应满足温排水输运模拟研究工作要求,应能涵盖全潮最大 0.1℃温升包络线,同时应覆盖电厂附近的环境保护区域。

(3)数值模型水平最小网格尺度应不超过取排水口宽度的 1/3 且不宜超过50m。

7.2　模型构建

(1)模型开边界选取及设置应符合本手册第 2 部分的要求。

(2)温排水点源设置(如位置、水深、出流方向、出流速度、流量、出水水温等)应符合实际情况。

(3)模型地形、初始场、开边界条件设置等应符合规范要求。

7.3　模型关键参数

(1)报告中应给出关键参数一览表。

(2)报告应对模型中的底摩阻、水平涡黏系数、水平扩散系数、垂向涡黏系数、垂向扩散系数等关键参数的选取进行详细的说明。当水平涡黏系数、水平扩散系数、垂向涡黏系数、垂向扩散系数选择定常值时,应给出不选择在线计算的理由以及定常值的取值。

(3)报告中应明确水汽热交换的计算方法。对选择热通量算法的应给出热通量数据的来源,对选择水面综合散热系数算法的应给出系数的计算过程。

7.4　模型验证

(1)对于典型潮,如采用热启动法,模型不需稳定时间;如采用冷启动法,计算时间一般不少于 40 个典型潮(20 天)。对于半月潮,计算时间一般不少于4 个半月潮(2 个月)。

(2)报告中应对潮位、潮流、水温皆进行验证。要求不少于 3 个测站连续一个月的潮位资料且不少于 9 个测站的大潮、中潮、小潮的全潮同步水动力测验资料，水温观测资料要求应不少于 20 个测站。

(3)潮位验证时间相位差应在 ±0.5h 范围内，最高最低潮位允许偏差为 ±10cm。

(4)憩流时间和最大流速出现的时间允许偏差为 ±0.5h，流速过程线的形态基本一致；测点涨潮、落潮段平均流速允许偏差为 ±10%。

(5)往复流时测站主流流向允许偏差 ±10°，平均流向允许偏差为 ±10°；旋转流时测站流向允许偏差为 ±15°。

(6)将无温排水工况的模拟温度数据与对应站位的实测数据进行比对，平均偏差应在 ±0.5℃以内。

8　模型工况设置和成果分析

8.1　计算工况

8.1.1　在方案论证和后评估阶段

均应分别计算夏季和冬季典型潮型(大潮、中潮、小潮)和半月潮型条件下典型时刻(涨急、落急、涨憩、落憩)的流场、温升场和不同温升面积，并计算不同温升包络面积。

8.1.2　当出现下列情况时，应增加计算工况

(1)如果取排水工程对附近海域地形冲淤影响较大，应增加工程后地形冲淤达到平衡时的计算。

(2)如果工程附近有生态敏感区或取水口可能受热回归影响时，应增加不利风况的计算。

(3)如果工程附近有其他电厂排放温排水，应增加考虑温排水扩散的叠加效应和取水口热回归效应的计算。

8.2　数据分析

(1)报告中应分别给出冬季、夏季代表性潮型(大潮、中潮、小潮)或代表性半月潮型温升面积。

(2)当出现下列情况时，应增加并给出如下数据分析内容：

①如果工程附近有生态敏感区或取水口可能受热回归影响时，应分析不利风况下一个潮周期的4℃、3℃、2℃、1℃、0.5℃温升区范围、面积及其影响。

②对于风生流、沿岸流等余流及最不利条件影响较强的水域，应给出典型潮与代表性余流组合条件下的流场、温度场的分布以及全潮最大温度场分布，其中应该包括 4℃、3℃、2℃、1℃、0.5℃温升分布及其对应区域的面积，并分析不同工况下温排水对敏感区影响时间及敏感区域温升。

③如果4℃温升包络线离岸较近，应分析4℃温升抵达当地0m等深线和固边界的可能性及其影响时长。

9 核验结果评价

(1)当对整体规范性、模型设置合理性、模型工况和成果分析存在疑问时，应先要求数值模拟单位进行补充。

(2)当数值模拟单位进行补充后，仍有缺失和错误时，允许数值模拟单位进行二次补充和修改。

(3)当二次补充和修改后仍有重大疑问时，应开展模型复算，模型复算时应严格按照本手册第6部分和第7部分要求开展。

(4)当模型复算结果与数模单位结果一致时，核验合格；当复算结果与数模单位结果存在较大差异时，核验不合格。

主要参考文献

陈惠泉, 贺益英. 1996. 考虑风吹效应水力热力模拟的理论和实践[J]. 水利学报,(7): 1-8.

崔佳玲. 2016. 基于纹理的高分辨率遥感图像水陆分离算法[D]. 武汉: 华中科技大学.

董双发, 范晓, 石海岗, 等. 2022. 基于 Landsat-8 和无人机的福清核电温排水分布研究[J]. 自然资源遥感, 34(3): 1-9.

窦国仁, 赵士清, 黄亦芬. 1987. 河道二维全沙数学模型的研究[J]. 水利水运科学研究,(2): 1-12.

窦国仁, 董凤舞, 窦希萍, 等. 1995. 河口海岸泥沙数学模型研究[J]. 中国科学(A 辑),(9): 995-1001.

樊辉. 2009. 基于 Landsat TM 热红外波段反演地表温度的算法对比分析[J]. 遥感信息,(1): 36-40, 48.

冯士筰, 李凤岐, 李少菁. 1999. 海洋科学导论[M]. 北京: 高等教育出版社: 405.

高帅华, 王宁. 2018. 基于无人机遥感技术的热红外探测[J]. 中国科技信息,(9): 97, 98.

宫伏安, 吴涛. 2009. 海面大气红外透射率测量系统分析[J]. 红外, 30(6): 23-26.

韩亮, 戴晓爱, 邵怀勇, 等. 2016. 基于实地大气模式改进的大气透射率反演方法[J]. 国土资源遥感, 28(4): 88-92.

李慧宇. 2015. 遥感温度产品真实性验证及空间尺度转换研究[D]. 成都: 电子科技大学.

刘恒. 2008. 多传感器卫星海表温度数据的印证与交叉比较[D]. 青岛: 中国海洋大学.

刘燕, 张力, 王庆栋, 等. 2022. 国产高分辨率卫星影像云检测[J]. 遥感信息, 37(1): 134-142.

吕春阳. 2016. 基于 Landsat 8 数据劈窗算法的红沿河核电站温排水监测[D]. 阜新: 辽宁工程技术大学.

马晋, 周纪, 刘绍民, 等. 2017. 卫星遥感地表温度的真实性检验研究进展[J]. 地球科学进展, 32(6): 615-629.

马瑞金, 张继贤, 洪钢. 1999. 用于影像几何纠正的图形图像控制点[J]. 测绘科技动态,(2): 22-25.

亓雪勇, 田庆久. 2005. 光学遥感大气校正研究进展[J]. 国土资源遥感,(4): 1-6.

覃志豪, Zhang M, Karnieli A, 等. 2001. 用陆地卫星 TM6 数据演算地表温度的单窗算法[J]. 地理学报, 56(4): 456-466.

覃志豪, Li W J, Zhang M H, 等. 2003. 单窗算法的大气参数估计方法[J]. 国土资源遥感, 56(2): 37-43.

石功权. 2019. 无人机在核电厂温排水监测中的应用[J]. 南方能源建设, 6(2): 94-98.

石海岗, 梁春利, 张建永, 等. 2019. 基于 CBERS-04 星田湾核电温排水遥感监测研究[J]. 地理空间信息, 17(12): 75-79.

汤德福, 吴群河, 刘广立, 等. 2017. 滨海电厂温排水监测及模拟方法探讨[J]. 环境科学导刊, 36(6): 84-89.

田国良, 柳钦火, 陈良富, 等. 2006. 热红外遥感[M]. 北京: 电子工业出版社: 3.

王博. 2020. 基于无人机红外影像几何校正及拼接技术研究[D]. 大连: 大连理工大学.

王其茂, 林明森, 郭茂华. 2006. HY-1 卫星海温反演的误差分析[J]. 海洋科学进展, 24(3): 355-359.

王任飞, 杨红艳, 朱利, 等. 2020. 温升包络线在核电站温排水监测中的应用[J]. 环境检测管理与技术, 32(1): 49-52.

王雅萍, 马秀秀, 李家国, 等. 2021. 核电温排水基准温度星地协同提取与分析——以宁德为例[J]. 遥感学报, http://hgs.publish.founderss.cn/thesisDetaila?columnId=10705089&Fpath=home&index=0&l=zh&lang=zh.

徐涵秋. 2016. Landsat 8 热红外数据定标参数的变化及其对地表温度反演的影响[J]. 遥感学报, 20(2): 229-235.

徐进, 王海霞, 曲颖丽, 等. 2019. 核电站温排水遥感定量监测方法研究[J]. 地理信息世界, 26(1): 5.

徐希孺. 2005. 遥感物理[M]. 北京: 北京大学出版社: 389.

闫长位, 贾智乐, 许强. 2021. 遥感影像不同校正模型对反射率的影响分析[J]. 地理空间信息, 19(10): 80-82.

张爱玲. 2014. 滨海核电厂温排水影响评价[C]//2014 年中国环境影响评价研讨会大会, 武汉.

张爱玲, 朱利, 陈晓秋, 等. 2014. 核电站温排水卫星遥感监测应用研究[J]. 环境监测管理与技术, 26(6): 5.

张舒羽, 黄世昌, 韩海骞. 2009. 浙江苍南电厂冷却水温排放的数值模拟[J]. 海洋学研究, 27(3): 61-66.

张永红, 陈瀚阅, 陈宜金, 等. 2015. 基于 Landsat-8/TIRS 的红沿河核电基地海表温度反演算法比对[J]. 航天返回与遥感, 36(5): 96-104.

邹德君, 魏莉, 李建波, 等. 2018. 一种基于无人机红外遥感技术的海水温度监测方法及系统: CN108364264A[P]. [2018-08-03].

周启航. 2021. 低空无人机光谱影像大气校正与辐射定标关键技术研究[D]. 武汉: 武汉大学.

周颖, 巩彩兰, 匡定波, 等. 2012. 基于环境减灾卫星热红外波段数据研究核电厂温排水分布[J]. 红外与毫米波学报, 31(6): 544-549.

朱利, 赵利民, 王桥, 等. 2014. 核电站温排水分布卫星遥感监测及验证[J]. 光谱学与光谱分析, (11): 3079-3084.

Chen D, Huazhong R, Qiming Q, et al. 2015. A practical split-window algorithm for estimating land surface temperature from Landsat 8 data[J]. Remote Sensing, 7(1): 647-665.

Jiménez-Munoz J C, Sobrino J A. 2003. A generalized single-channel method for retrieving land surface temperature from remote sensing data[J]. Journal of Geophysical Research,(108): 4688-4695.

Ren H Z, Chen D, Liu R Y, et al. 2015. Atmospheric water vapor retrieval from Landsat 8 thermal infrared images[J]. Journal of Geophysical Research: Atmospheres, 120(5): 1723-1738.

附　　录

附录 A　××温排水××报告格式

A.1　文　本　格　式

A.1.1　文本规格

报告文本外形尺寸为 A4(210mm×297mm)。

A.1.2　封面格式

第一行书写：滨海核电温排水××报告(一号宋体，加粗，居中)。

第二行书写：编制单位全称(三号宋体，加粗，居中)。

第三行书写：××××年××月(小三号宋体，加粗，居中)。

以上各行间距应适宜，保持整个封面美观。

A.1.3　封里内容

封里中部应分行写明：××报告编制单位全称(加盖公章)，编制人、审核人姓名等内容。

A.1.4　内容格式

一级标题(四号宋体，左对齐)。

二级标题(小四号宋体，左对齐)。

三级标题(五号宋体，左对齐)。

正文(小五宋体)。

A.2　××报告编写大纲

现场监测报告应符合附录 B 的要求,遥感监测报告应符合附录 D 和附录 E 的要求,数值模拟报告应符合附录 G 的要求,物理模型试验报告应符合附录 H 的要求。

附录 B 资料收集及现场监测记录表

附表 B.1 潮汐气象长期历史资料统计表

项目名称： 项目编号：

站位编号	年份	最大波高	最大波高出现时间	最大波高周期	最大波高波向	最大有效波高	最大有效波高出现时间	最大有效波高周期	最大有效波高波向	有效波高平均值	平均波高	平均周期	常浪向	最高潮位	最高潮位出现时间	最低潮位	平均海面	平均高潮位	平均低潮位	平均潮差	最大潮差	最小潮差	平均涨潮历时	平均落潮历时	最大风速	最大风速出现时间	最大风速风向	极大风速	极大风速出现时间	平均风速	常风向	最高气温	最高气温出现时间	最低气温	最低气温出现时间	平均气温	最高气压	最低气压

填表单位：

	填表人签名：	填表时间： 年 月 日

附表 B.2 航线与站位图

项目名称： 项目编号：

航线与站位图：	站位坐标：

	经度	纬度

坐标系		投影	
高程标准			
绘图人		绘图时间	

附表 B.3 海洋水温观测记录表格式

项目名称： 　　　　　　　　　　　　　　　　项目编号：

站位编号	观测日期		观测时间	层次	水深/m	水温/℃
	公历	农历				
				表层		
				⋮		
				底层		
				表层		
				⋮		
				底层		

采样方法：　　　　　　　　　　　　　　　　分析方法：

填表单位：

	填表人签字：	填表时间： 年 月 日

附表 B.4 海洋海流观测记录表格式

项目名称：　　　　　　　　　　　　　　　　项目编号：

站位编号	观测日期		观测时间	大潮/中潮/小潮							
				表层		...		底层		垂线平均	
	公历	农历		流速/(cm/s)	流向/(°)	流速/(cm/s)	流向/(°)	流速/(cm/s)	流向/(°)	流速/(cm/s)	流向/(°)
			⋮								
			⋮								

填表单位：

	填表人签名：	填表时间： 年 月 日

附表 B.4 的填表说明：

1.需标明大潮、中潮、小潮。

2.高程：1985 国家高程/水尺零点。

3.层次：根据项目实际和各站位水深确定观测层次。

4.观测时间：逐时，连续观测不少于 25h。

附表 B.5 逐时潮位观测记录表格式

项目名称：　　　　　　　　　　　　　　　项目编号：

站位编号	观测日期		水位/cm				合计	平均	高潮		高潮		低潮		低潮	
	公历	农历	0:00	1:00	…	23:00			潮时	潮位/cm	潮时	潮位/cm	潮时	潮位/cm	潮时	潮位/cm
					…											
					…											
					…											
					…											

填表单位：

	填表人签字：	填表时间：　　年　月　日

附表 B.5 的填表说明：

1.观测频率：逐时。

2.高程：1985 国家高程/水尺零点。

附表 B.6 波浪观测记录表格式

项目名称：　　　　　　　　　　　　　　　项目编号：

站位编号	观测日期		观测时间	大潮/中潮/小潮		
	公历	农历		波高/cm	波向/(°)	周期/s
			02:00			
			⋮			
			23:00			
			02:00			
			⋮			
			23:00			

填表单位：

	填表人签字：	填表日期：　　年　月　日

附表 B.6 的填表说明：

1.需标注大潮、中潮、小潮。

2.观测时间：每两小时观测一次，观测时间为北京标准时 02 时、05 时、08 时、11 时、14 时、17 时、20 时、23 时。

3.高程：1985 国家高程/水尺零点。

附表 B.7 气象观测记录表格式

项目名称： 项目编号：

站位编号	观测日期		观测时间	风				湿度		气压		
	公历	农历		风向/(°)	风速/(m/s)	最大风速/(m/s)	极大风速/(m/s)	相对湿度/%	最小相对湿度/%	气压/hPa	最大气压/hPa	最小气压/hPa
			0:00									
			⋮									
			23:00									
			0:00									
			⋮									
			23:00									

填表单位：

填表人签字： 填表时间：　　年　月　日

附表 B.7 的填表说明：

1. 记录时间：逐时记录。

2. 高程：1985 国家高程/水尺零点。

3. 最大风、极大风、最小相对湿度、最大气压、最小气压需记录其出现时间。

附录 C 核电建设各阶段现场监测报告编写大纲

C.1 论证阶段现场监测报告编写大纲

1 概述
1.1 项目来由
1.2 监测依据
1.2.1 法律法规
1.2.2 技术标准和规范
1.3 监测范围
1.4 监测重点
2 监测概况
2.1 水温监测概况
2.2 海洋水文动力环境监测概况
2.3 气象要素监测概况
3 监测要素环境影响风险分析
4 风险方法对策措施
5 结论
资料来源说明：
1.引用资料
2.现场监测记录

C.2 运营期跟踪监测报告大纲

1 概述
1.1 项目来由
1.2 监测依据
1.2.1 法律法规

1.2.2 技术标准和规范

1.3 监测范围

1.4 监测重点

2 监测概况

2.1 水温监测概况

2.2 海洋水文动力环境监测概况

2.3 气象要素监测概况

3 项目建成前后海域情况变化分析

3.1 水温环境变化分析

3.2 海洋水文动力环境变化分析

3.3 气象要素变化分析

4 资源环境影响分析

4.1 环境影响分析

4.2 生态影响分析

4.3 资源影响分析

5 对策措施

6 结论

资料来源说明：

1.引用资料

2.现场勘查记录

C.3 后评估报告大纲

1 概述

1.1 项目来由

1.2 监测依据

1.2.1 法律法规

1.2.2 技术标准和规范

1.3 监测范围

1.4 监测重点

2 监测概况

2.1 水温监测概况

2.2 海洋水文动力环境监测概况

2.3 气象要素监测概况

3 水温影响评价

4 海洋动力环境影响评价

5 结论

5.1 水温变化可行性结论

5.2 海域水文动力环境变化可行性结论

5.3 减缓影响的措施可接受结论

6 建议

资料来源说明：

1.引用资料

2.现场勘查记录

附录 D ××项目卫星遥感温度反演报告编写大纲

1 概述

1.1 项目背景与工程概况

1.2 目的任务

1.3 调查范围

1.4 技术路线

1.5 项目完成情况

1.6 项目取得的主要成果

2 海域自然环境背景

2.1 海域概况

2.2 潮汐

2.3 波浪

2.4 气象

2.5 水温

3 遥感温度反演与验证

3.1 遥感影像的预处理

3.2 算法选择与参数获取

3.3 海表温度反演

3.4 反演结果验证

4 成果分析

4.1 温度场对比分析

4.2 温升包络线

5 结论与建议

5.1 结论

5.2 建议

附录 E 航空遥感监测记录表

附表 E.1 ××区航空遥感主要技术参数表

作业单位：　　　　　技术负责：　　　设计、计算者：　　　　　日期：

机型：　　　　　　　巡航速度：　　　km/h　　航摄仪：　　　焦距：

分区编号	I	II		Σ
航线号				
摄影比例尺				
焦距/mm				
最高点高程/m				
最低点高程/m				
基准面高程/m				
平均面上的航高 H/m				
绝对航高 H_0/m				
航向(纵向)重叠 q/%				
航向(纵向)最大重叠 q/%				
航向(纵向)最小重叠 q/%				
旁向(横向)重叠 q/%				
旁向(横向)最大重叠 q/%				
旁向(横向)最小重叠 q/%				
东西最大长度/km				
东西最小长度/km				
南北宽度/km				
航线间隔/km				
摄影基线距离/km				
航线条数/条				
有效像片数/张				
航线总长度/km				
摄影时间/h				
面积/km²				

附表 E.2 航空遥感飞行记录表

日期：＿＿年＿＿月＿＿日   起飞：＿＿时＿＿分   降落：＿＿时＿＿分

摄区	摄区名称		摄区代号		航摄分区		地面分辨率	
	绝对航高		摄影方向		航线条数		地形地貌	
飞行器	飞行器型号		编号		导航仪			
载荷	载荷型号		载荷编号		镜头号码		焦距	
	滤光镜		光圈		曝光时间		感光度	
影像	盘号				摄影时间			
	摄影前试片				摄影后试片			
天气	天气状况		水平能见度		垂直能见度			
机组	操纵手		地面站人员		摄影测量员		机械师	

附录 F ××项目航空遥感反演大纲

1 概述
1.1 项目背景与工程概况
1.2 目的任务
1.3 调查范围
1.4 技术路线
1.5 项目完成情况
2 海域自然环境背景
2.1 海域概况
2.2 潮汐
2.3 波浪
2.4 气象
2.5 水温
3 航空遥感监测
3.1 飞行计划制订与实施
3.2 测量时水文气象及温排水情况
3.3 航空遥感影像处理
3.4 航空遥感温度反演
4 温度校正与验证
4.1 海面温度同步测量
4.2 海面实测温度校正
4.3 海面实测温度验证
5 综合分析与成果制作
5.1 温度场对比分析
5.2 温升包络线
5.3 专题图件绘制
6 结论与建议
6.1 结论
6.2 建议

附录 G　核电温排水数值模拟报告大纲

报告正文应包括下列基本内容：

1 前言

1.1 项目背景

1.2 工作目的

1.3 工作依据

1.4 工作内容

2 工程海域条件

2.1 自然环境条件

2.2 海域开发现状和生态敏感目标

3 工程设计方案（工程运营情况）

4 数值模拟

4.1 模型介绍

4.2 模型建立

4.3 模型验证

5 成果分析

6 结论

附录 H　物理模型试验报告大纲

1　概述

1.1　项目背景

1.2　研究目的

1.3　技术路线

1.4　项目成果

2　资料收集

2.1　核电厂情况概括

2.2　地形

2.3　海洋水文

2.4　水温及气象资料

2.5　其他资料

3　模型设计

3.1　模型实验相似准则

3.2　模型变态率

3.3　模型范围

4　模型制作

4.1　模型试验装备

4.2　模型检测仪器

4.3　模型制作与安装

5　模型实验

5.1　模型验证试验及精度控制

5.2　情景方案试验

6　成果分析与结论

6.1　流场分布

6.2　温升场的温升分布

6.3　结论与建议

附录 I　模型变态率选择原则

模型比尺和变态率的选定及最终遵循的模型相似条件要根据试验研究的重点内容和试验客观条件系统分析论证后确定。根据已有模型试验的实践经验，将不同模型比尺选择的要求列于附表 I.1。

附表 I.1　不同模型变态率（下标 r 表示原型与模型的比尺）

分类编号	模型性质	重点研究内容	试验客观条件	模型特点	模型相似要求	
					必须满足的条件	争取满足的条件
A	几何变态水力-热力模型	(1)受纳水域整体流态及水力热力特性； (2)取排水口工程布置； (3)水域散热能力，冷却容量； (4)工程方案比较及优化； (5)环境流影响，水环境评估	模拟范围较大，试验场地较大	(1)主要模拟远区； (2)近区作为模型内边界水力热力模拟	$Fr=1$，$(\Delta\rho/\rho)_r=1$ $H_r=K_r^{2/3}L_r^{2/3}$ （Fr 为弗劳德数；ρ 为密度；L_r 为平面比尺；H_r 为水深比尺；K_r 为综合散热系数模型比尺）	$3 \leqslant L_r/H_r \leqslant 5$ 排水口局部出流情况与正态情况接近
B	几何正态水力-热力模型	(1)排水口或取水口局部水域水力热力特性； (2)排水口或取水口细部水工布置及优化； (3)垂向分层的温差异重流运动； (4)潜没出流工程布置及水力热力特性	(1)模拟范围较小，试验场地面积足够大； (2)环境水流不太复杂，可以一定程度地模拟； (3)排取水口相距较近，可以模拟排取水口整体水工布置； (4)排水、取水口工程局部区域复杂，排取水口附近局部流态复杂； (5)几何变态影响敏感	(1)主要模拟近区； (2)环境流作为模型外边界的水力热力模拟； (3)排水、取水工程细部优化和局部流态影响	$L_r/H_r=1$ $(F_\Delta)=1$ （F_Δ 为密度弗劳德数）	$(\Delta\rho/\rho)_r=1$ 模型水域范围尽量大
C	几何变态水力-热力盐水模型	有盐水入侵或淡水注入海水水域情况下，同 A 的 (1)、(2)、(3)、(4)、(5)	(1)模型范围较大，试验场地较大； (2)有盐水循环、量测系统	同时考虑温水分层、水气交面散热及盐水分层现象	$Fr=1$，$(\Delta\rho/\rho)_r=1$， $(\Delta\rho^*/\rho)=1$，$\Delta\rho^*=$ $\rho_{盐水}-\rho_{淡水}$（$\rho_{盐水}$ 和 $\rho_{淡水}$ 分别为盐水和淡水的密度）	$H_r=K_r^{2/3}L_r^{2/3}$ $3 \leqslant L_r/H_r \leqslant 5$

分类编号	模型性质	重点研究内容	试验客观条件	模型特点	模型相似要求	
					必须满足的条件	争取满足的条件
D	几何变态全潮水力-热力模型	(1)潮水运动情况下,给定排取水口工程的取水超温随潮流变化; (2)整体方案比较; (3)水环境的随潮变化	模拟范围较大,有足够大的试验场地	热水上溯范围在模型范围之内,能很好地模拟热量的累积和随潮变化	同 A	$3 \leqslant L_r/H_r \leqslant 7$
E	几何变态全潮水力-热力盐水模型	同 D 的(1)、(2)、(3),同时要考虑盐水倒灌的影响	(1)同 D; (2)有盐水循环、量测系统	(1)同 D; (2)考虑盐水、淡水交汇引起的密度差	同 A,同时满足 $(\Delta\rho^*/\rho)_r=1$	$3 \leqslant L_r/H_r \leqslant 7$

附录 J 温排水数值模拟结果核算报告大纲

报告正文应包括下列基本内容：

1 前言

1.1 项目背景

1.2 任务由来

1.3 核验原则

1.4 核验依据与方法

1.5 核验重点

2 报告完整性核验

2.1 结构完整性

2.2 内容详实度

2.3 图表规范性

3 数据与资料核验

3.1 齐全性

3.2 可靠性

4 模型构建核验

5 模型验证核验

6 情景方案设置核验

7 模拟结果分析核验

8 结论与建议

8.1 总体评价

8.2 建议